AF326334

LE CHIEN

RACES — CROISEMENTS — ÉLEVAGE
DRESSAGE

Maladies et leur Traitement

D'après

STONEHENGE, YOUATT, MAYHEW, HUSTONE
HAMILTON SMITH, BOULEY, ETC.

AVEC 100 GRAVURES

PARIS

J. ROTHSCHILD, ÉDITEUR

13, Rue des Saints-Pères, 13

NOTE POUR LE RELIEUR

PAGE DE GARDE

Est à coller contre le carton

LE CHIEN

Fig. 39. — Retriever à poil frisé (page 114). — Talbot (page 57).
Epagneul irlandais (page 100).

LE CHIEN

DESCRIPTION DES RACES — CROISEMENTS
ÉLEVAGE — DRESSAGE

MALADIES ET LEUR TRAITEMENT

D'APRÈS LES OUVRAGES LES PLUS RÉCENTS

de

STONEHENGE, YOUATT, MAYHEW, BOULEY
HAMILTON SMITH, ETC.

Avec 100 Gravures sur Bois

PARIS

J. ROTHSCHILD, ÉDITEUR

13, RUE DES SAINTS-PÈRES, 13

1876

LIVRE PREMIER

HISTOIRE NATURELLE DU CHIEN

CLASSIFICATION ZOOLOGIQUE

VARIÉTÉS ET RACES

INTRODUCTION.

Le Chien ; son origine. — Caractères généraux. — Habitat. — Variétés. — Classification de Cuvier. — Classification de H. Smith. — Classification de Stonehenge.

Le chien est la conquête la plus précieuse et la plus complète que l'homme ait faite sur la nature. Toute l'espèce est devenue sa propriété, et chaque individu appartient tout entier à son maître. Il prend ses mœurs, connaît ses goûts et s'y conforme, défend son bien, et lui reste fidèlement attaché jusqu'à sa mort. Indépendamment de la beauté de sa forme, de sa vitesse, de sa force, de son merveilleux odorat, le chien a par excellence les qualités intellectuelles qui en ont fait pour l'homme un allié puissant contre les autres

animaux, et peut-être même un auxiliaire indispensable
à l'établissement de la société. « Comment l'homme,
dit Buffon, aurait-il pu, sans le secours du chien, conquérir, dompter, réduire en esclavage les autres animaux? Comment pourrait-il, encore aujourd'hui,
découvrir, chasser, détruire les bêtes sauvages et
nuisibles? Pour se mettre en sûreté et pour se rendre
maître de l'univers vivant, il a fallu commencer par
se faire un parti parmi les animaux, se concilier avec
douceur et par caresses ceux qui se sont trouvés capables de s'attacher et d'obéir, afin de les opposer aux
autres. Le premier art de l'homme a donc été l'éducation du chien, et le fruit de cet art la conquête et la
possession paisible de la terre. »

Bien qu'il soit impossible d'indiquer d'une manière
précise l'époque à laquelle le chien a été réduit en
domesticité, il est indubitable que cette époque re-
monte à la plus haute antiquité ; et c'est dans l'Orient
— le berceau de la civilisation — qu'on en trouve les
premières traces. Si loin que nous remontions dans le
passé, nous voyons le chien gardien des troupeaux et
des habitations des peuples de l'Asie centrale et de
l'Égypte. Pour les premiers, nous avons le témoignage
du *Zend-Avesta* ; pour les seconds, nous avons plus
encore, car des chiens de plusieurs races différentes
sont représentés sur les monuments de l'antique Égypte.
Parmi elles on en a remarqué une à oreilles tombantes, fort voisine de nos chiens de chasse actuels,
et, par conséquent, déjà très-modifiée par la culture ;
de sorte qu'il est impossible de ne pas en faire re mon-

ter la domestication à une époque très-ancienne, même relativement aux temps très-reculés où nous la voyons sous la main des chasseurs égyptiens. Une autre race non moins remarquable, figurée sur les monuments égyptiens, est un grand lévrier, très-semblable au chien auquel nous donnons aujourd'hui ce nom. La Bible nous montre Tobie voyageant avec son chien, et le Deutéronome le cite au nombre des animaux qui ne pouvaient être offerts à Dieu en sacrifice. Homère parle souvent du chien, soit employé à la garde des maisons et des troupeaux, soit à la chasse.

Un problème qui jusqu'à ce jour a fort divisé les naturalistes, est celui de l'origine des diverses races de chiens actuelles. Descendent-elles toutes d'un type unique, comme le voulaient Buffon, Linné et Cuvier? ou proviennent-elles de plusieurs espèces qui se seraient croisées entre elles, comme le pensent Pallas, Blumenbach et Geoffroy Saint-Hilaire? Buffon a cru retrouver dans le chien de berger le vrai chien de la nature; Pennant le fait descendre du loup; Tilésius et d'autres du chacal, et tous apportent de fort bonnes raisons à l'appui de leur opinion. Ceux qui voient dans ces diverses espèces les souches multiples de nos chiens domestiques en donnent des preuves non moins concluantes. Il paraît en effet difficile d'admettre que le mâtin, la levrette et le carlin, par exemple, descendent d'une même souche; car ces animaux diffèrent beaucoup plus entre eux par la taille, la couleur et les modifications anatomiques, que le mâtin et le chien de berger ne diffèrent du loup et du chacal. C'est à tort,

d'ailleurs, que l'on a prétendu que ces animaux, lorsqu'ils se mêlent, ne donnent que des métis inféconds;
l'on a de nombreuses preuves du contraire[1]. Il est en
outre certain que les chiens qui ont recouvré leur
indépendance dans certaines contrées désertes, après
y avoir été abandonnés par l'homme, se rapprochent
beaucoup du loup ou du chacal, non-seulement pour la
forme et la couleur, mais pour les mœurs. Le chien
des Boschismans ressemble singulièrement au chacal,
et une espèce sauvage, récemment découverte par
M. Ruppell dans les montagnes de l'Abyssinie, rappelle
à s'y méprendre nos lévriers; seulement il a les oreilles
droites comme l'ancien lévrier égyptien. La Paléonto-
logie nous apprend encore qu'aux époques antédilu-
viennes il existait plusieurs espèces ou variétés de
chiens, dont quelques-unes correspondent parfaitement avec certaines variétés actuellement existantes
du chien domestique; une entre autres avec celle de
l'épagneul, et une autre avec celle du mâtin[2]. Comme
dans l'Amérique et dans l'Australie, avant la découverte par les Européens, il existait à la fois des chiens
domestiques et des chiens sauvages, et comme ces
derniers y étaient évidemment indigènes, rien n'implique que ces chiens domestiques ne provenaient pas
des espèces du pays. Il résulte donc de cette considération et de la fécondité des métis, que les variétés si

1. Voir Isid. Geoffroy Saint-Hilaire, *Histoire naturelle générale des Règnes organiques,* t. III, p. 216.

2. Voir les *Mémoires de l'abbé Croizet sur les Mammifères
fossiles de l'Auvergne.*

FIG. 2. — LE LOUP.

nombreuses des chiens domestiques ou à demi domestiques, suivant la civilisation de chaque peuple, ne semblent pas devoir être rattachées à un seul et même type primitif, modifié seulement par les influences des climats, de la domesticité, etc.; mais bien plutôt être rapportées, chacune dans sa contrée, à diverses espèces sauvages. Néanmoins, les émigrations à la suite de l'homme de chacune de ces espèces de chiens devenus domestiques auront amené entre elles des croisements, dont les produits, modifiés tantôt avec une espèce sauvage, tantôt avec une autre, auront amené les diversités si nombreuses que nous voyons aujourd'hui pour la taille, la figure et la qualité des poils; ce à quoi auront concouru aussi les influences du climat et du régime. Si l'on ajoute à cela les soins que l'homme s'est donnés pour croiser ces premières variétés entre elles et en obtenir des races façonnées suivant son goût et sa fantaisie, on se rendra compte de l'étonnante variété que présentent aujourd'hui les diverses races du chien domestique.

Caractères généraux. — Dans toutes ses variétés, e chien est plus ou moins doué d'une vue perçante, d'une ouïe très-fine et d'un odorat des plus subtils. Ses formes sont élégantes; ses membres, bien proportionnés, annoncent la force et l'agilité, et son intelligence surpasse celle de tous les animaux, sans en excepter même l'éléphant.

Le chien domestique (*canis familiaris*) forme, dans la classification zoologique actuelle, une espèce du genre *canis,* qui appartient à la tribu des digitigrades, dans l'ordre des carnivores. Il a pour caractères généraux : 42 dents, savoir : 6 incisives en haut et autant en bas, 2 canines à chaque mâchoire, 12 molaires supérieures et 14 inférieures; sa langue est fort douce. Les pieds de devant ont 5 doigts, dont 4 seulement touchent la terre, le pouce se trouvant trop haut pour atteindre le sol et n'étant pour ainsi dire que rudimentaire; les pieds de derrière n'ont que 4 doigts, et lorsqu'on en trouve 5, comme dans quelques races de chiens domestiques, ce n'est qu'une superfétation accidentelle. Les ongles ne sont ni rétractiles ni tranchants; aussi ne sont-ce pas des armes pour ces animaux, et ils ne leur sont utiles que pour la locomotion.

Il n'existe aucune différence anatomique entre le chien, le loup et le chacal; l'époque du rut est la même chez ces animaux, et, dans tous, la gestation est de neuf semaines. Le chien ne diffère réellement du loup et du chacal que par deux caractères organiques bien légers : les yeux placés moins obliquement, et la queue recourbée au lieu d'être droite. Toutefois le chien domestique varie à l'infini pour la taille, la forme, la couleur et la qualité du poil.

Habitat. — Le chien a suivi l'homme sur tous les points du globe, si l'on en excepte quelques îles de l'océan Pacifique, et il a su se prêter à toutes les circonstances qui l'environnent. On le voit, au sud, veiller sur les troupeaux de l'Africain, chasser pour l'Indien de l'Amazone et défendre les huttes du

Papou ; on le retrouve, au nord, gardant les rennes du Lapon et traînant l'Esquimau jusque sur les glaces polaires.

Ces animaux sont plus intelligents, plus civilisés chez les peuples éclairés que chez ceux qui sont encore dans la barbarie. Dans le premier cas, ils sont susceptibles d'une éducation plus variée ; ils sont plus dévoués à leur maître ; leurs races sont également plus nombreuses ; dans le second cas, ils sont féroces, presque sauvages, ayant peu d'attachement pour l'homme, vivant pêle-mêle avec leurs maîtres, partageant leur nourriture ou plutôt la leur dérobant, et ne les aidant que rarement à la conquérir.

A l'état de nature, le chien est obligé de vivre de proie qu'il se procure par la chasse; mais lorsqu'il est réduit en domesticité, il se nourrit presque exclusivement de substances végétales, telles que les pâtées ou le pain fait de diverses farines. En réalité, la nourriture qui lui convient le mieux est un mélange de substances végétales et animales, et son organisation semble indiquer, en effet, que c'est celle que lui a destinée la nature.

Variétés du Chien. — Les variétés du chien sont pour ainsi dire innombrables, et, en réalité, comme elles sont dues, au moins le plus grand nombre, au croisement des diverses races entre elles, — croisement auquel on a encore recours tous les jours, — il est difficile d'assigner une limite au nombre de celles qui peuvent être décrites. Les races les plus disparates s'accouplent entre elles, et Stonehenge fait même cette remarque curieuse, que, fréquemment, les chiennes de forte race montrent un penchant pour des chiens si petits qu'ils ne peuvent s'accoupler avec elles, et que, si on leur laisse la liberté du choix, il y a de grandes chances pour qu'il ne tombe pas sur un mâle de leur propre race. Il en résulte chaque année la naissance d'une innombrable quantité de chiens de fantaisie ou de *bâtards*, comme on les appelle, qui ne sont pas décrits par les auteurs. Il n'en est pas toujours ainsi cependant, et l'on fait exception en faveur de plusieurs races qui, en réalité, ont été améliorées par leur union avec d'autres : telles sont celles du Bulldog avec le Lévrier, du Foxhound avec le chien d'arrêt espagnol, du Bulldog avec le Terrier, etc., dont les produits sont aujourd'hui reconnus et admis sur les catalogues des races de valeur, et qui non-seulement ne sont pas considérés comme bâtards, mais, au contraire, sont souvent plus estimés que les races pures dont ils descendent.

Plusieurs savants se sont occupés de la classification de ces nombreuses variétés. Fréd. Cuvier a basé la sienne sur la forme de la tête et la longueur des mâchoires, caractères qu'il considère comme étant en rapport avec le degré d'intelligence et de puissance olfactive de l'animal qui les possède.

CLASSIFICATION DE FR. CUVIER.

I. Mâtins. — Caractérisés par une tête plus ou moins allongée et par les os pariétaux tendant à se rapprocher; les condyles de la mâchoire inférieure sont sur la même ligne que les dents molaires supérieures.

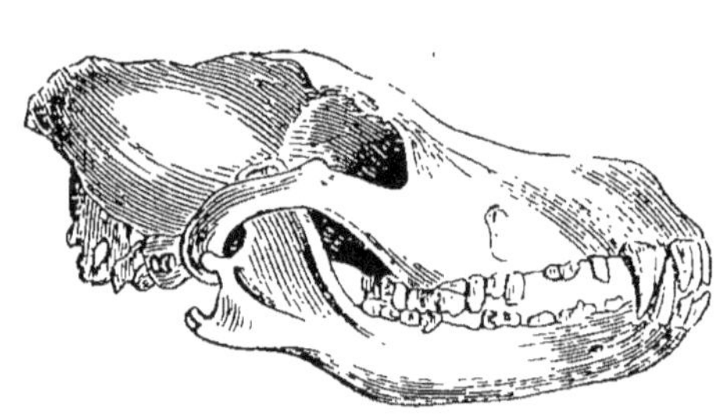

FIG 3. — CRÂNE DE MÂTIN.

Tous ces chiens peuvent être dressés pour la chasse et surtout pour celle qui demande plus de force et de courage que d'intelligence et d'adresse.

SECTION 1. — *Chiens sauvages ou à demi domestiqués,* chassant en troupes, tels que le Dingo, le Dhole, le Pariah, le Koupara, etc.

SECTION 2. — *Chiens domestiques,* chassant en troupes ou seuls, mais employant la vue de préférence à l'odorat; tels, par exemple, que le chien d'Albanie, les Lévriers, le chien des Indiens, etc.

II. Épagneuls. — Caractérisés par leur tête modérément allongée, à pariétaux ne tendant plus à se rapprocher, mais au contraire s'écartant et se renflant de manière à beaucoup agrandir la boîte cérébrale et les sinus frontaux. Ce sont les plus intelligents de tous les chiens.

SECTION 3. — *Chiens propres à la garde des troupeaux,* tels que le chien de berger, le chien à loups, etc.

SECTION 4. — *Chiens aimant l'eau* et se plaisant à la natation. Exemples : le

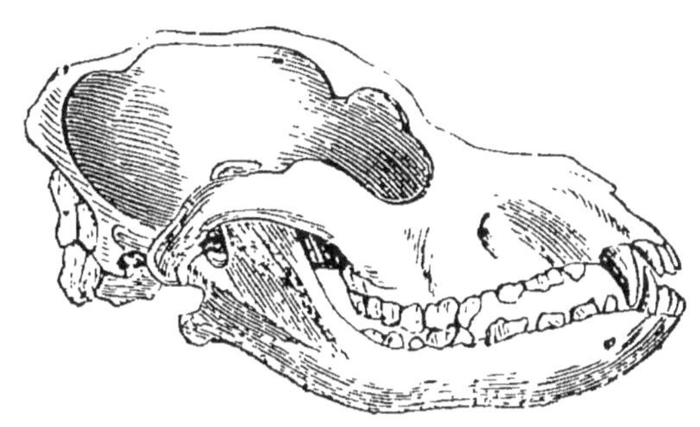

FIG. 4. — CRÂNE D'ÉPAGNEUL.

chien de Terre-Neuve, le Barbet, l'Épagneul d'eau.

SECTION 5. — *Chiens d'arrêt,* chassant par l'odorat seulement et ne tuant pas le gibier. Exemples : le Braque, le chien couchant, l'Épagneul.

SECTION 6. — *Chiens courants* chassant en troupes par l'odorat, et tuant le gibier, tels que le chien à renards (*foxhound*), le chien à lièvres (*harrier*), etc.

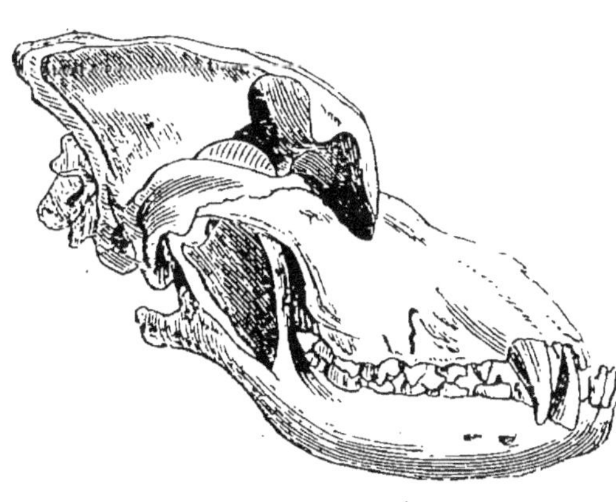

FIG. 5. — CRÂNE DE DOGUE.

Dogues.—Caractérisés par le raccourcissement de leur museau, le mouvement ascensionnel de leur crâne, son rapetissement et l'étendue considérable des sinus frontaux. Ces races sont moins intelligentes que les précédentes ; la pesanteur de leur corps semble indiquer celle de leur intelligence.

Section 7. — *Chiens de garde* n'ayant pas de penchant pour la chasse, mais employés seulement à la défense de l'homme et de sa propriété. Exemples : le Dogue de forte race ou Mastiff, le Bulldog, le Roquet, etc.

Plus récemment, un naturaliste anglais, M. Hamilton Smith, a réparti les diverses races de chiens connues dans six catégories différentes :

CLASSIFICATION DE HAMILTON SMITH.

I. Les Chiens Lévriers ou *Greyhounds,* comprenant toutes les espèces de Lévriers.

II. Les Matins, comprenant : le Mâtin, le Danois, le chien de Cuba, le chien à sangliers (*Boarhound*), le chien de charrois de l'Amérique du Nord, le chien loup des Florides, etc.

III. Les Chiens lachnés, c'est-à-dire laineux, remarquables par leur fourrure abondante. Tels sont : le chien de Sibérie, le chien des Esquimaux, le chien d'Islande, le chien de la rivière Mackensie, le chien de Terre-Neuve, le chien du mont Saint-Bernard, le chien de berger, le chien-loup.

IV. Les Chiens de chasse (*Hounds* des Anglais), dont l'odorat est très-perfectionné et l'intelligence développée; les uns ont le poil ras. Tels sont : les chiens courants français et leurs sous-races françaises; les chiens courants anglais Foxhound, Staghound, Harrier, Beagle; le chien de Burgos, le chien de Dalmatie, le Braque, etc. — D'autres ont le poil long; on les connaît en France sous les noms d'Épagneuls et de Barbets. Les principaux sont : le grand Épagneul, le petit Épagneul, le chien couchant ou Setter anglais, le Springer, le Cocker, le King's Charles, le Barbet, le Griffon, etc. H. Smith leur adjoint les variétés de petits chiens à longs poils, connus sous le nom de chiens d'appartement ou chiens de dames, tels que le chien-lion, le Bichon, le Havanais, etc.

V. Les Chiens mêlés (*Cur dogs*); animaux intelligents, vigilants, mais d'un caractère difficile, dont les différentes variétés ont été souvent abâtardies par le croisement ou par l'influence de l'homme. Dans cette section rentrent : le Terrier et ses sous-races, le Pariah de l'Inde, le chien de la Nouvelle-Zélande, le chien des Patagons, etc.

VI. Les Dogues ou Mastiffs, à museau court, comme tronqué, à sinus frontaux très-développés. Ce sont des animaux d'un caractère énergique, redoutables même, employés généralement à la garde de l'homme et de sa propriété. Tels sont : le Dogue de forte race, le Mastiff anglais, le Dogue du Thibet, le Dogue de Cuba, le Bulldog, le Bullterrier, le Roquet ou Doguin, le petit Danois, le Carlin, etc.

Ces deux classifications sont purement scientifiques; Stonehenge en a proposé une troisième, beaucoup plus en rapport avec les aptitudes des diverses races et les services qu'elles rendent à l'homme. C'est celle que nous adopterons comme répondant le mieux au but tout pratique de notre ouvrage. Voici cette division :

CLASSIFICATION DE STONEHENGE.

CHAPITRE Ier. — Chiens sauvages et à demi sauvages chassant en troupes.

CHAPITRE II. — Chiens domestiques chassant à vue et tuant le gibier pour l'homme.

CHAPITRE III. — Chiens domestiques chassant au nez, trouvant et tuant leur gibier.

CHAPITRE IV. — Chiens domestiques découvrant le gibier au nez, mais ne le tuant pas ; employés principalement pour la chasse au fusil.

CHAPITRE V. — Chiens employés à la garde des troupeaux.

CHAPITRE VI. — Chiens de garde, chiens de maison et chiens d'appartement.

CHAPITRE VII. — Races métisses, croisements, etc.

CHAPITRE PREMIER.

Chiens sauvages et à demi sauvages, chassant en troupes. — Le Dingo. — Le Dhole. — Le Deab. — Les chiens de l'Amérique du Nord et de l'Amérique du Sud. — Le Pariah. — Autres chiens sauvages.

Le Dingo. — En examinant le portrait fidèle du chien sauvage de la Nouvelle-Hollande ou Dingo, on verra que, par les formes de son corps, il ressemble tellement au renard, qu'un observateur ordinaire le prendrait volontiers pour un individu de cette espèce ; mais sa tête rappelle plutôt celle du loup. Son museau est long et pointu ; ses oreilles sont courtes et droites, avec l'ouverture dirigée en avant. Il mesure environ $0^m,60$ de hauteur[1] et $0^m,76$ de longueur. Son pelage ressemble plus à de la fourrure qu'à du poil ; il est de couleur fauve ou plus rarement d'un brun rougeâtre en dessus, plus pâle en dessous ; on y distingue deux sortes de poils : l'extérieur soyeux, celui de dessous plus fin et laineux. Sa queue est longue et touffue comme celle du renard, mais il la porte horizontalement lorsqu'il court, tandis que le renard la laisse toujours traîner à terre.

1. La hauteur du chien se mesure habituellement à l'épaule ; c'est donc cette mesure que nous avons adoptée et dont il sera question toutes les fois que nous ne la spécifierons pas.

Les Dingos demeurent dans le creux des rochers et vivent sans le secours de l'homme ; ils chassent en troupes, pour leur compte, les animaux sauvages dont ils se nourrissent, et n'aboient pas ; mais, dans certaines circonstances, ils poussent un hurlement semblable à celui du loup. — On peut, jusqu'à un certain point, apprivoiser le Dingo ; mais il saisit toujours l'occasion de reprendre sa liberté, et avec elle ses instincts sauvages. Bien différent de nos chiens domestiques, il n'a aucune idée de la propriété de l'homme ; il se jette avec fureur sur la volaille et les moutons, et les colons, qui le considèrent comme un fléau, lui font une guerre acharnée.

Le Dingo est le compagnon des sauvages qui aujourd'hui sont relégués vers le centre du continent australien ; mais bien qu'il chasse avec eux, c'est plutôt en qualité d'associé qui sera rétribué de sa peine par une part du butin, que comme un animal domestique.

Le Dhôle. — Le Dhôle, qui vit à l'état sauvage dans les immenses jungles de l'Inde, ressemble au Dingo. Son aspect est farouche, son œil ardent, son poil d'un roux assez vif ; mais sa queue n'est pas touffue comme celle du Dingo. Les Dhôles se réunissent en troupes nombreuses pour chasser le daim et l'élan, et telle est la rapidité de leur course que pas un animal ne peut leur échapper. Leur force et leur sauvage bravoure les rendent un objet de terreur pour les plus formidables habitants du désert, et ils ne reculent jamais, même devant le tigre, pour lequel ils

FIG. 6. — LE DINGO

éprouvent une antipathie profonde. Individuellement, le Dhôle serait incapable de se mesurer avec un si terrible ennemi; mais, lorsqu'ils sont en troupes, ils se précipitent comme une avalanche sur leur adversaire, qui, après en avoir déchiré et tué un certain nombre, finit toujours par succomber à la violence de leurs assauts. Le sanglier et le buffle sont aussi l'objet de leurs attaques.

Quoiqu'il évite la société de l'homme, le Dhôle ne fuit pas sa présence; il s'arrête devant lui et semble le considérer plutôt comme un objet de curiosité que comme un ennemi. Il ne l'attaque jamais, mais, attaqué par lui, il se défend avec fureur. Les Indiens prétendent que le Dhôle se borne à chasser les bêtes fauves des jungles et n'attaque jamais les moutons et les chèvres; mais d'autres disent, — et c'est assez probable, — qu'à défaut d'autre proie, il se dédommage sur le bétail des villages voisins.

Le Pariah. — On donne généralement ce nom, dans l'Inde, aux chiens à demi domestiqués qui pullulent dans chaque village, où ils n'ont pas de maître particulier, mais sont toujours prêts à accompagner ceux qui partent pour une excursion de chasse. Le Pariah ne quitte jamais le village où il est né; il y vit de tous les débris qu'on abandonne sur le sol, corrompus ou non. Bien qu'il varie beaucoup dans les différents districts et ne puisse être décrit comme variété particulière, le chien Pariah ressemble comme type au Dhôle par ses traits généraux, et il provient très-probablement du croisement de ce dernier avec les diverses races de chiens domestiques qui ont pu être introduites dans ces diverses localités. Mais il est généralement dégradé par la faim, par la bâtardise et par le manque de soins. Son pelage est habituellement d'un brun rougeâtre, ses oreilles pointues et dressées, sa queue bien fournie, recourbée à l'extrémité.

Les naturels chassent le tigre, le sanglier et toute sorte de gibier avec ces chiens, qui ont l'odorat très-fin et beaucoup d'animation.

Le Deab ou Ekia d'Afrique. — Les chiens natifs d'Afrique, quoiqu'ils ne soient pas exactement sauvages, n'ont pas de maîtres particuliers parmi les habitants du pays, qui, en leur qualité de mahométans, ont horreur du chien, déclaré immonde par le Coran. Il en résulte qu'ils sont errants et ne peuvent se nourrir qu'en chassant les animaux sauvages, ce qu'ils font en troupes et en donnant de la voix avec beaucoup de force.

Le Deab est de très-grande taille ; sa tête est large, ses oreilles petites et droites, son museau arrondi ; son aspect est celui d'un grand loup, mais il en diffère par la couleur, son pelage variant à l'infini ; ses nuances les plus habituelles sont le brun, le fauve et le roux ; mais on en voit de noirs et de gris. Ces chiens sont très-sauvages et dangereux pour les étrangers, qu'ils sont toujours disposés à attaquer à leur entrée dans un village.

Les chiens de l'Amérique du Nord et de l'Amérique du Sud. — Il existe sur le continent américain de nombreuses variétés de chiens, qui proviennent sans doute du croisement du chien à demi sauvage des tribus indiennes avec les diverses races introduites par les Européens.

Lorsque l'Amérique fut découverte par les Européens, les Indiens du nouveau monde étaient en possession d'un chien à demi apprivoisé, l'*Aguari* ou chien des Peaux-Rouges, que l'on rencontre encore disséminé dans les déserts du Far West, parmi les tribus indigènes. Ce chien de l'Amérique du Nord ressemble au Dingo, mais il est plus petit de taille et sa couleur est grise avec une teinte brune sur le dos.

Une race très-voisine vit à l'état sauvage dans les forêts de l'Amérique du Sud, où abonde le gibier. Ces chiens se creusent des terriers qu'ils habitent le jour, et vont la nuit chercher leur nourriture. Les vieux ne sont pas susceptibles d'attachement; pris jeunes ils s'apprivoisent volontiers, mais ils ne deviennent jamais ni très-intelligents ni fort traitables.

Un des chiens les plus remarquables de l'Amérique du Sud est l'*Alco,* qui est un petit chien de la taille du bichon. Il a la tête très-petite, les oreilles pendantes, le cou extrêmement court; son corps est trapu, arqué en dessus, couvert d'un poil long et jaunâtre, taché de noir et de blanc; la queue est courte et pendante et ne dépasse pas le jarret.

Autres chiens sauvages. — Beaucoup d'autres

variétés du chien sauvage ont été décrites par les voyageurs, tels que le chien sauvage de Chine, le Quao de Sumatra, le Koupara ou chien crabier de l'Amérique; mais tous ressemblent plus ou moins aux espèces décrites plus haut et offrent peu d'intérêt au lecteur.

CHAPITRE II.

CHIENS DOMESTIQUES CHASSANT A VUE ET TUANT LEUR GIBIER POUR L'HOMME.

Le Lévrier hérissé d'Écosse et le Lévrier à daims. — Le Lévrier lisse ou Lévrier anglais. — Le Lévrier d'Irlande ou Chien louvier. — Le Mâtin français. — Le Chien de la rivière Mackensie. — Le Chien d'Albanie. — Le Lévrier de Grèce. — Le Lévrier de Turquie. — Le Lévrier de Perse. — Le Lévrier de Russie. — Le Lévrier italien ou Levrette.

La race des Lévriers est l'une des plus anciennement connues, comme le prouvent les monuments hiéroglyphiques de l'Inde et de l'Égypte sur lesquels ils sont figurés. De nombreuses hypothèses ont été mises en avant relativement à leur origine; Buffon les fait descendre du chien de berger, d'autres du mâtin; et nous avons vu qu'il en existe une espèce sauvage dans les montagnes de l'Abyssinie, d'où il pourrait bien nous être venu par l'Égypte, qui le possédait domestiqué il y a au moins cinq mille ans. Mais ces questions d'origine des diverses races de chiens domestiques sont loin d'être résolues, sinon insolubles, et nous devons nous contenter de les prendre telles que nous les trouvons et de les étudier dans leur état présent.

En France, au moyen âge, nos rois chasseurs et les grands seigneurs employaient le grand Lévrier à poil rude pour chasser le loup et le sanglier ; mais depuis la loi sur la chasse, qui prohibe l'usage de cette race, les Lévriers sont tombés dans l'oubli, ou, tout au moins, on ne les considère plus que comme chiens de luxe. Il n'en est pas de même en Angleterre, où cette race est très-estimée, et où l'on prend pour l'élève et l'éducation de ces animaux autant de soin que pour les chevaux de course.

Les Lévriers sont presque entièrement dénués du sens de l'odorat ; mais leur vue est si perçante et leur course si rapide, qu'il n'est pas de quadrupède qui puisse en plaine échapper à leur poursuite.

Le Lévrier hérissé d'Écosse et le Lévrier à daims. — Cette race de chiens est l'une des plus anciennes et des plus pures ; mais elle décroît rapidement, supplantée dans l'estime publique, en Angleterre, par le Lévrier anglais ou par le produit du croisement de ces deux races. Le Lévrier hérissé d'Écosse est identique de formes et d'habitudes au pur Lévrier à daims, et il n'en diffère qu'en ce que ce dernier porte la tête plus haut que le Lévrier écossais lorsqu'il est en chasse, parce qu'il prend cette attitude pour porter bas son gibier, le lièvre.

La taille du Lévrier d'Écosse égale celle du Lévrier à poil lisse ; mais il est un peu plus mince et n'offre pas tout à fait le même développement musculaire des reins et des cuisses, bien que chez lui la charpente osseuse soit plus forte ; mais cela est peut-être plus apparent que réel. Malgré l'identité des formes extérieures entre le Lévrier hérissé d'Écosse, employé pour courir le lièvre, et le Lévrier à daims, il ne peut y avoir aucun doute que les deux races, par suite de l'application qu'on en a faite à une chasse différente, ne soient parfaitement adaptées par leurs instincts à la poursuite de leur gibier spécial, et que l'une ne pourrait être substituée à l'autre avec avantage.

M. Scrope, l'auteur du *Deer Stalking* (la chasse au daim), donne la description suivante de Buskar, célèbre Lévrier appartenant au capitaine Mac Neill de Colonsay : hauteur, 28 pouces (0^m,71) ; circonférence de la poitrine, 32 pouces (0^m,81) ; poids courant, 85 lbs (38^{kil},55) ; couleur rouge ou fauve, avec le museau noir. A ces traits extérieurs étaient jointes grande vitesse et force, combinées avec patience et courage, et ces qualités, ajoutées à la sagacité et à la docilité du chien, le rendaient doublement précieux. Ce Lévrier était employé à courir le daim ; mais son odorat était assez fin pour chasser sur une piste froide.

Nous ne saurions dire si le Lévrier à daims existe aujourd'hui à l'état de pureté absolue ; mais il serait dans ce cas excessivement rare ; car, bien qu'il y ait de nombreux animaux de formes semblables, ils sont tous plus ou moins croisés avec le Limier, le Foxhound, le Bulldog, etc. M. Scrope lui-même dit n'en avoir pu obtenir aucun, et il a eu recours au croisement du Lévrier avec le Foxhound, ou chien à renards, qui, suivant lui, donne les meilleurs résultats, le produit

FIG. 7. — LÉVRIER D'ÉCOSSE.

possédant, avec la vitesse du Lévrier, la finesse d'odorat du Foxhound. Il a les formes du Lévrier ; mais sa charpente osseuse est plus forte et ses jambes plus courtes, et il porte souvent au repos la queue relevée comme le pur Foxhound. Le célèbre Lévrier de sir Walter Scott « Moïda » était le produit d'un Lévrier à daims avec un Limier. Ce magnifique chien gardait à lui seul le château d'Abbotsford, qui était le séjour du célèbre romancier. L'infusion du Bulldog a cet inconvénient de rendre le Lévrier trop hardi ; il attaque le daim de front, et, dans ce cas, il est presque sûr d'être empalé sur ses cornes ; de sorte que, malgré le courage extrême de cette sous-race, elle est presque inutile à la chasse du daim.

Les Lévriers d'Écosse ont la robe de diverses couleurs ; mais les plus communes sont le fauve, le roux et le gris, ou le mélange de fauve et de noir, de gris et de noir. Leur poil est long, rude et hérissé, surtout sur les mâchoires. Leur vitesse égale celle du Lévrier anglais ; mais ils ne paraissent pas aussi robustes. On prétend en outre que le Lévrier d'Écosse est plus porté à employer la ruse que le Lévrier anglais, ce qui est considéré comme un vice par les vrais amateurs du sport.

Le Lévrier à poils ras ou Lévrier anglais. — Cet élégant animal paraît avoir existé très-anciennement en Angleterre, car il en est question dans un très-vieux proverbe gallois, et une loi du roi Canut en défend l'usage aux bourgeois. Le nom anglais du

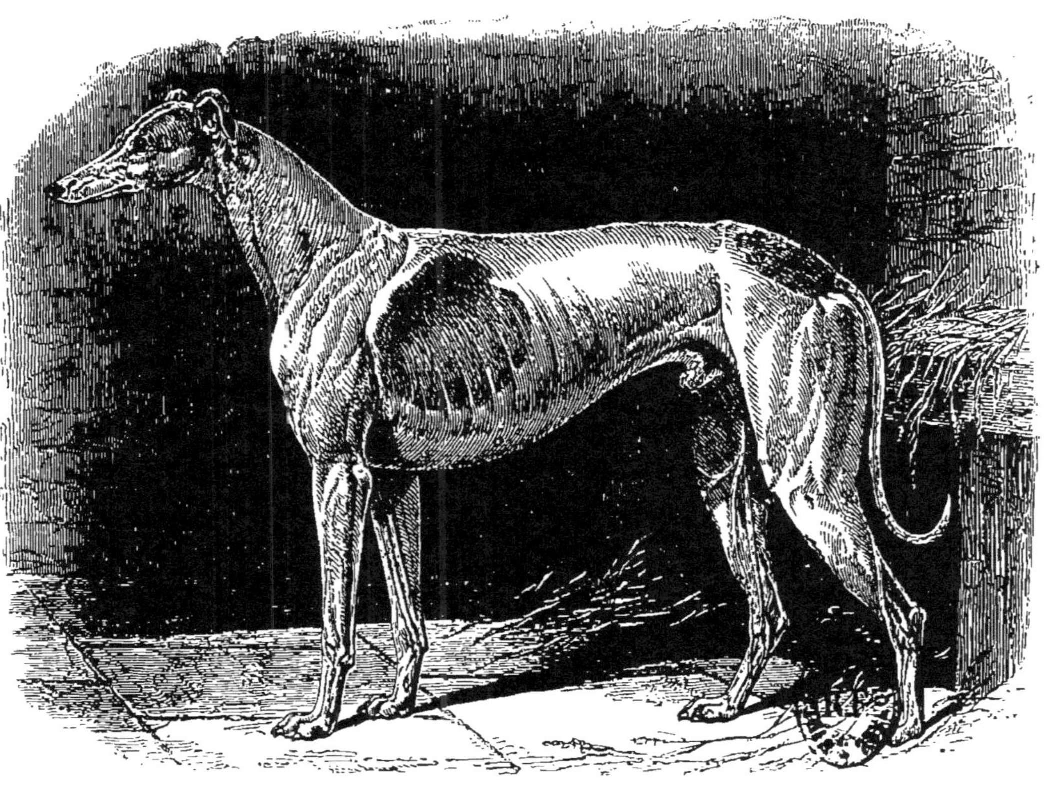

FIG. 8. — LÉVRIER ANGLAIS.

Lévrier, *Greyhound*, vient de la couleur de son poil, qui est le plus habituellement d'un gris d'acier chatoyant particulier à cette race.

Un poëte du xvie siècle, Wynkyn de Worde, décrit ainsi le Lévrier :

> The head of a snake,
> The neck of the drake,
> A back like a beam,
> A side like a bream,
> The tail of a rat
> And the foot of a cat.

« La tête d'un serpent, — le cou du canard, — le dos comme une poutre, — les côtes d'une brème, — la queue d'un rat — et les pieds d'un chat. »

Bien que cette description humoristique offre un certain caractère général de vérité, il ne faudrait pas l'accepter comme rigoureuse. Ainsi la tête du serpent diffère considérablement de celle de n'importe quel lévrier. Celle du reptile est plate et large avec le museau également comprimé, tandis que la tête du Lévrier, quoique aplatie au sommet, est comparativement circulaire dans sa section transversale, et le nez est irrégulièrement triangulaire. Il est hors de doute que le Lévrier de l'ancien temps, avant que l'on eût l'habitude de le croiser avec le Bulldog, avait la tête beaucoup plus petite que de nos jours: et l'on reconnaît aisément aujourd'hui à la petitesse de leur boîte cérébrale, les individus dont le sang est pur de tout croisement. Il a donc progressé, car le développement du cerveau indique toujours un surcroît de courage et

d'intelligence. La mâchoire doit être maigre et s'étré-
cir subitement à partir de la tête. Les dents sont de
grande importance, car si elles ne sont fortes et
bonnes, le lièvre ne pourra être saisi et enlevé. Elles
doivent donc être blanches, fortes et régulières. L'œil
doit être brillant et rond, les oreilles fines, souples et
tombantes; on voit cependant parfois les oreilles
droites chez de bons chiens.

Le cou, quoique comparé à celui du canard, est
loin d'être aussi mince; cependant, il doit s'en rapprocher autant que possible. Sa longueur doit être à
peu près égale à celle de la tête.

Le dos semblable à une poutre, comme solidité, est
un caractère important, car si la force ne réside pas
dans cette partie du corps, la vitesse de l'animal ne
pourra se soutenir, et il sera épuisé au bout d'un demi
mille. La comparaison avec une poutre indique que
non-seulement le rein doit en avoir la solidité, mais
encore la forme carrée. Les muscles qui rattachent la
hanche aux côtes doivent être bien développés, et
sans la largeur des hanches le dos ne peut être fort.
Celui-ci doit être en même temps souple et allongé,
car de là dépendent la rapidité et la force dans le
galop. Les côtes comme celles d'une brème, signifie la
poitrine large, bien développée et saillante. La queue
d'un rat n'est pas d'une absolue nécessité, mais on
regarde ce caractère comme le signe d'une pure race.
Cela doit s'entendre d'ailleurs de la partie osseuse
seulement; car de très-bonnes lignées ont la queue
couverte de poils, mais elle ne doit jamais être touffue.

Quant aux pattes d'un chat, c'est un point important, au moins pour la forme arrondie du pied, dont
les doigts seuls touchent le sol. Il n'est pas moins
nécessaire que le dessous du pied soit garni d'une
peau épaisse et résistante.

Le poëte a oublié dans ses rimes de mentionner le
train de derrière; c'est cependant une des parties
essentielles, puisqu'elle est le principal élément de là
progression; c'est en lui que réside la force de l'animal, et que prennent leur attache les muscles les plus
puissants. Les membres postérieurs doivent être faits
d'os longs et solides reliés entre eux par des articula-
tions bien formées. Une grande longueur de la hanche
au jarret, unie à une jambe courte, constitue la perfection de la forme, pourvu qu'ils soient garnis de
muscles solides pour les mettre en action.

Si nous passons à l'avant-train, l'épaule doit être
oblique, bien musclée et jouer facilement sur les
côtes; le coude doit être placé dans le même plan que
le corps, et n'incliner ni en dedans ni en dehors; c'est
là un point très-important dans le choix du Lévrier
aussi bien que des autres races. L'avant-bras devra
être long et étroit, mais bien musclé; le genou sera
osseux et non courbé en arrière, ce qui est un signe
de faiblesse; la jambe fine et de bonne proportion,
s'attachant bien sur le pied.

Les couleurs les plus communes chez le Lévrier à
poils ras sont : le gris ardoisé, le noir, le fauve et le
blanc; on en voit aussi de rouges, café au lait, mou-
chetés. Les plus estimés comme robe sont ceux dont le

poil est noir, fauve ou rouge, avec le bout du museau
noir. Stonehenge pense que le noir, le rouge et le
blanc sont les couleurs originales du Lévrier, et que
les autres proviennent du mélange de celles-là par le
croisement. Ainsi, un chien noir et une chienne
blanche produiront des noirs, des blancs, des noir
et blanc et des gris, tandis qu'un chien rouge avec
une femelle blanche aura des petits rouges, blancs,
fauves, rouge et blanc, jaunes ou café au lait. Le noir
et le rouge unis ensemble donneront le rouge à museau
noir ou le noir moucheté. Le pelage est de peu d'importance; cependant un poil très-doux et laineux est
généralement le signe d'une constitution faible, peu
propre à supporter les intempéries. Un poil rude,
brillant, de couleur grisâtre, est une marque de santé
et plaît à l'œil. — Les modes de reproduction, d'élevage et de dressage sont exposés dans la seconde
partie.

En Angleterre, on emploie le Lévrier à poils ras
(*Smooth Greyhound*) à la chasse du lièvre; mais on le
dresse surtout pour la course (*the coursing*). Un lièvre
est lancé sur les vastes bruyères de l'Angleterre ou de
l'Écosse, et l'on déclare vainqueur le Lévrier qui tue
le lièvre. Les sportsmen anglais attachent beaucoup de
prix à la façon dont l'animal fournit sa course, et
celui qui prendrait le gibier en coupant au plus court
et en profitant des fautes de son rival, serait réputé
un mauvais chien. Ces courses de Lévriers ont en
Angleterre une très-grande importance; elles étaient
déjà en faveur sous le règne de la reine Élisabeth, et

les règlements alors en vigueur sont à peu près les mêmes qui subsistent encore aujourd'hui. Stonehenge évalue à 20,000 têtes environ le nombre des Lévriers aujourd'hui existants dans toute l'étendue du Royaume-Uni; et, sur ce nombre, 5 ou 6,000 sont entretenus avec soin pour l'usage des courses publiques.

Le Lévrier d'Irlande ou Chien louvier. — A l'époque où les loups étaient communs dans la Grande-Bretagne, on cultivait avec soin la belle race du Lévrier d'Irlande, qui seule était capable de lutter avec avantage contre l'habitant des forêts. Les poésies celtiques font mention de cette race de chiens, comparée pour la rapidité de sa course au torrent qui se précipite du haut d'une montagne. Aujourd'hui le loup n'est plus, et le Lévrier d'Irlande, son ennemi, est à peu près perdu. Quelques gentilshommes anglais possèdent encore, dit-on, cette rare variété.

Le Lévrier d'Irlande est plus grand que le Lévrier d'Écosse, quelques individus atteignant jusqu'à 0^m,90 et même 0^m,95 de hauteur. Il ressemble à ce dernier par ses formes, a le poil rude et hérissé, de couleur jaune ou gris clair, et les oreilles tombantes.

Le Mâtin. — Le Mâtin français est regardé par Cuvier comme étant la souche du Lévrier, tandis que Pennant le considère au contraire comme descendant du Chien louvier d'Irlande. D'autres pensent qu'il est issu du croisement du chien de berger avec le grand Lévrier. Quoi qu'il en soit, il a la tête allongée de ce dernier, mais plus large, le front plat, les oreilles à demi tombantes. Son pelage varie du brun rougeâtre au fauve, et sa hauteur est de 0ᵐ,60 à 0ᵐ,64.

C'est un chien bien proportionné et vigoureux ; il est très-courageux et chasse bien le loup et le sanglier. En France, on l'emploie souvent comme chien de berger et chien de garde, et il s'acquitte de ces fonctions avec beaucoup de fidélité et d'intelligence. On trouve en Bretagne des Mâtins à poil noir ou fauve et noir.

Le Chien de la rivière Mackensie. — Ce chien, dont les Indiens du nord de l'Amérique se servent pour chasser le lièvre, le renne et d'autre gibier, a été rencontré sur les bords de la rivière Mackensie par le docteur Richardson, qui en a rapporté un couple en Angleterre. Il est fort différent de l'Aguari du Far West. La forme de son corps et son pelage le feraient ranger parmi les Épagneuls ; mais, par la forme de sa tête, il semble appartenir à notre première section. Il a le museau étroit et allongé, les oreilles pointues et droites ; son poil est long, à fond blanc marqué de larges taches irrégulières d'un noir grisâtre ; sa queue est épaisse et fourrée, légèrement recourbée, mais pas autant que dans le chien des Esquimaux. Sa hauteur est d'environ 0ᵐ,62.

Ce chien était autrefois assez répandu dans le nord de l'Amérique, mais aujourd'hui il paraît confiné sur les bords de la rivière Mackensie et près du lac du Grand-Ours, où il est la propriété de quelques pauvres tribus indiennes qui subsistent presque entièrement des produits de sa chasse. Cette race n'aboie pas et chasse à vue ; ses pieds, larges et recouverts d'une épaisse fourrure, lui permettent de courir aisément sur la neige durcie sans enfoncer. Il surprend alors le renne, le harcèle et le tient en échec jusqu'à ce qu'arrivent les chasseurs.

Le Lévrier arabe ou Sloughi. — Le Lévrier sloughi des Arabes est un magnifique chien, haut de taille, à front large, à museau effilé ; ses oreilles sont courtes, minces et repliées sur le derrière de la tête ; son cou musculeux et long, sa poitrine large, ses membres secs, ses pieds ronds. Son poil est très-doux, de couleur fauve ; sa langue et son palais sont noirs. Les Arabes l'emploient pour chasser le lièvre et la gazelle, et sa vélocité est proverbiale. Voici d'ailleurs ce qu'en dit le général Daumas [1] :

« Les Sloughis les plus renommés sont ceux du Sahara ; on estime particulièrement ceux de Sloughia, d'où vient le nom de la race. Le Sloughi a l'estime, la considération, la tendresse attentive de son maître, qui le regarde comme le compagnon de ses plaisirs chevaleresques et le pourvoyeur de son besoin le plus impérieux : l'alimentation. On comprend dès lors les soins qu'on prodigue à une Sloughia, et la surveillance qu'on exerce sur les accouplements. Un habitant du Sahara fait souvent vingt-cinq ou trente lieues pour accoupler une belle levrette avec un lévrier renommé,

---

1. *Les Chevaux du Sahara et les Mœurs du désert,* 1 vol. in-12.

FIG. 9. — CHIEN DE LA RIVIÈRE MACKENSIE.

c'est-à-dire un animal qui prend la gazelle à la
course.

« Lorsque la Sloughia a mis bas, on ne perd pas un
instant de vue les petits ; les femmes même leur donnent quelquefois leur lait. Les petits sont sevrés au
bout de quarante jours ; on leur donne encore néanmoins du lait de chèvre ou de chamelle, mêlé de
dattes et de couscoussou. Lorsque les jeunes Sloughis
ont atteint quatre mois, on s'occupe de leur éducation ; on lance d'abord les petits lévriers sur des ger-
boises ; à cinq ou six mois, c'est sur le lièvre qu'on les
exerce ; après le lièvre, on passe aux jeunes gazelles,
plus faciles à atteindre que les vieilles, ce qui fait
qu'après quelques courses préparatives, le Lévrier qui
a parfaitement réussi commence à s'acharner à la
poursuite des mères. A un an, l'éducation du Sloughi
est faite.... Le Lévrier sloughi sent le gibier ; il le suit
à la piste, et, dès qu'il a aperçu la harde, il bondit, se
dissimule toutefois, se baisse s'il est vu, poursuit sa
course oblique, et ce n'est qu'une fois à portée qu'il
se lance de toutes ses forces et choisit pour victime le
plus beau mâle du troupeau. Quand le chasseur dé-
pèce la gazelle, il donne au chien la chair qui avoisine
les reins ; si on lui donnait les intestins, il les repous-
serait dédaigneusement... Le Sloughi est intelligent,
plein d'amour-propre et très-sensible aux reproches.
C'est un chien aristocratique par excellence ; il ne
boit ni ne mange dans un vase sale, et refuse le lait
dans lequel on a plongé les mains. Il couche dans le
compartiment de la tente réservé aux hommes, sur

des tapis à côté de son maître. Il est vêtu, garanti du
froid par des couvertures, et l'Arabe prend plaisir à le
parer d'ornements. Il est nourri avec soin, avec recherche même. D'ailleurs, il sait, par sa propreté, son
respect des convenances et la gracieuseté de ses manières, reconnaître la considération dont il est l'objet... La mort d'un Sloughi est un deuil pour toute la
tente ; femmes et enfants le pleurent comme ils le feraient d'une personne de la famille. C'était quelquefois lui qui suffisait à la nourriture de tous. »

Le Lévrier de Grèce. — C'est un élégant animal,
un peu plus petit que le Lévrier anglais et de formes
plus grêles. Son poil est plus long et légèrement ondulé ; sa queue est touffue. On suppose que c'est le
Lévrier athénien dont parle Xénophon.

Le Lévrier russe. — Le Lévrier russe a environ
$0^{m},65$ à $0^{m},68$ de hauteur, avec les oreilles courtes
et dressées ; il est proportionnellement mince et faible
des reins et haut sur pattes. Son pelage est épais,
mais peu long, excepté sur la queue, qui est en
éventail et s'enroule en spirale. Sa couleur est le brun
foncé ou le gris.

Cette variété de Lévrier chasse bien au nez, et,
comme il est en même temps rapide et vigoureux, on
l'emploie pour la destruction des loups et des ours qui
habitent en grand nombre les forêts de la Russie, aussi
bien que pour la chasse du daim et du lièvre. Il est
très-propre à cette dernière chasse ; mais, comme son

courage ne répond pas à sa force et à sa taille, il n'attaque guère le loup et l'ours qu'en nombre.

Le Lévrier persan. — C'est un bel animal, de formes élégantes, et qui ressemble à la Levrette italienne par la délicatesse de ses proportions ; mais il est d'une taille beaucoup plus élevée, mesurant environ 0^m,61 de hauteur. Ses oreilles sont pendantes, comme chez le Lévrier grec, et poilues ; mais, sous tous les autres rapports, il ressemble au Lévrier anglais, à l'exception de la queue, qui peut être comparée à celle de l'Épagneul anglais (*Setter*) à poils soyeux.

On emploie ce chien, en Perse, pour courir le lièvre et l'antilope et parfois l'onagre. Lorsqu'on chasse l'antilope, on établit des relais de ces chiens, qu'on lâche à leur tour lorsque l'animal passe à leur portée.

Le Lévrier italien ou Levrette. — Ce petit chien est l'un des plus élégamment proportionnés de tous les animaux de la création. C'est un Lévrier anglais en miniature, et il lui ressemble en tous points, sauf par la taille. C'est surtout en Italie et en Espagne que ce petit animal atteint toute sa perfection, la chaleur du climat étant favorable à ses habitudes et à sa constitution. En France, comme dans son pays natal, il est considéré comme un favori, un chien de salon ; car, bien que sa vitesse soit considérable, il est incapable de saisir, même un petit lapin, et toutes les tentatives faites pour employer ce chien à une chasse quelconque ont toujours échoué.

FIG. 10. — LÉVRIER DE GRÈCE.

En Angleterre, on obtient par le croisement de la
Levrette avec le Terrier une race intermédiaire qui, à
la vigueur de l'un, allie la vivacité de l'autre, et dont
on peut obtenir tout ce qui est en rapport avec sa
taille ; mais il n'offre plus les formes élégantes et délicates du premier.

Le Lévrier italien, avons-nous dit, ressemble autant
qu'il est possible au Lévrier anglais ; mais le nez n'est
pas aussi long à proportion et la tête est plus pleine
et plus large ; les yeux sont aussi plus grands et plus
doux ; la queue est mince, dépourvue de poils, et un
peu plus courte proportionnellement que celle du Lévrier anglais.

La race la plus estimée pour la Levrette est la fauve
dorée ou l'isabelle ; puis, la couleur de café au lait
avec le museau noir, le rouge, le jaune, le noir, le
blanc, le gris. Lorsque la Levrette est d'une couleur
uniforme, elle ne doit pas avoir de blanc aux pieds
ni à la queue, et même une simple étoile blanche sur
la poitrine est regardée comme un défaut, moins
grand toutefois que sur les pieds. Sa taille ne doit
pas dépasser $0^m,32$ à $0^m,35$; au delà de cette hauteur et du poids de cinq kilos, le chien ne doit pas
être considéré comme étant de race italienne, bien
qu'il y ait quelques exceptions.

FIG. 11. — LEVRETTES.

CHAPITRE III.

CHIENS DOMESTIQUES CHASSANT AU NEZ,
TROUVANT ET TUANT LEUR GIBIER,
COMMUNÉMENT CONNUS SOUS LE NOM
DE CHIENS COURANTS (*Hounds* des Anglais).

Le Chien de Saintonge et le Chien du Poitou. — Le Chien de Gascogne. — Le Chien normand. — Le Chien vendéen, le Griffon vendéen. — Le Chien de Saint-Hubert. — Chien pour sanglier (Boarhound). — Chiens bassets. — Le Talbot et le Limier anglais. — Le Foxhound. — Le Harrier. — Le Beagle. — Le Chien à loutres. — Les Terriers (Écossais, Dandy, Skye, Bedlington).

L'art de la vénerie a été de tout temps en honneur en France, et la grande chasse à courre portait autrefois le nom de chasse française. Presque tous nos rois furent d'intrépides veneurs, passionnés pour ce noble exercice, et tous les gentilshommes partageaient ce goût, dont la satisfaction était interdite aux bourgeois et manants. La grande chasse à courre a beaucoup diminué d'importance de nos jours en France ; mais, en compensation, le droit de chasse à tir appartient à tout citoyen en état de se procurer un permis de port d'armes. L'art y a perdu, sans doute ; mais la liberté et l'équité y ont gagné.

Avant la révolution, alors que florissait l'art de la

vénerie, les chiens français tenaient le premier rang en Europe, et leur supériorité était si bien reconnue dans le monde entier, qu'on les recherchait partout, malgré le prix élevé auquel ils se vendaient. Aux XIe et XIIe siècles, les conquérants normands introduisirent en Angleterre les habitudes françaises, et avec elles nos vieilles races de chiens. Plus tard, sur la demande de Jacques Ier d'Angleterre, notre roi chasseur Henri IV lui envoyait une meute de chiens français avec des veneurs, afin d'y propager les grands principes de la vénerie et les races françaises. Mais, sous Louis XV, le goût des chiens rapides fit introduire en France les races anglaises, qui remplacèrent ou croisèrent nos vieilles souches normandes, poitevines et ardennaises ; de telle sorte que ces races primitives sont de nos jours ou à peu près perdues ou croisées, au point qu'il est fort difficile de les reconnaître. Nous allons cependant essayer de décrire les races pures françaises, puis nous examinerons les races anglaises telles qu'elles existent aujourd'hui.

RACES FRANÇAISES.

Le Chien de Saintonge et le Chien du Poitou. — De tous les chiens courants français, le chien de Saintonge est celui qui s'est conservé le plus pur, grâce aux soins de quelques amateurs qui l'ont propagé dans le pays. Cette race, une des plus belles et des plus grandes, mesure 0^m,65 à 0^m,70 de hauteur.

Elle se distingue à sa tête décharnée, à son nez légèrement retroussé, à ses oreilles demi-longues, fines, bien papillotées. Sa poitrine est profonde, son flanc resserré, ses pattes sèches et allongées, son rein arqué et sa queue effilée. Son poil est ordinairement blanc avec des taches noires et des marques de feu pâle ; les oreilles et le palais sont noirs. Le chien de Saintonge est d'une assez grande vitesse ; son allure est très-soutenue, sa gorge sonore et son nez d'une finesse extrême. Il chasse de préférence le cerf et le lièvre, mais il est également bon pour le loup et pour tout autre espèce de bête. Confiant dans la sûreté de son odorat et son fond étonnant, il va sans se presser et vient à bout de tout. Lorsqu'il chasse avec les rapides coureurs anglais, il est d'abord dépassé par eux ; mais, au bout de quelques heures, il reprend le dessus et les laisse loin derrière lui.

Du croisement du pur Saintongeois avec le chien de Gascogne est sorti la belle race de Virelade, qui constitue aujourd'hui, en la possession de M. le comte de Carayon-Latour, une des plus belles meutes françaises.

Le *Chien du Poitou* se rapproche beaucoup de la race de Saintonge, avec laquelle on le confond souvent. Il a la tête sèche et nerveuse, le nez large et busqué, les oreilles fines et bien papillotées. Son pelage est blanc et taché de noir comme celui du chien de Saintonge ou tricolore. C'est un chien parfait de forme, plein d'ardeur, au nez exquis, à la voix de stentor. M. le vicomte de La Besge possède une magnifique meute de ces chiens courants du Poitou.

FIG. 12. — CHIEN COURANT DE SAINTONGE.

Le Chien de Gascogne. — Ce chien, aussi haut de taille que celui de Saintonge, est plus massif, plus lent, mais doué d'un odorat exquis et d'un fond excellent. Il a la tête forte, un peu longue, le nez extrêmement large, les oreilles très-longues, fines, très-papillotées, le rein long, la côte bien faite, la poitrine profonde, le fanon épais et un peu tombant, le pied ferme et bien fait. Son poil est d'un gris bleu ou blanc, avec beaucoup de taches noires et de marques couleur de lie de vin; il est souvent marqué de feu aux yeux et aux pattes. Cette race était particulièrement estimée par Henri IV, qui l'employait à chasser le loup; son manque de légèreté et d'activité la rend moins propre à courre le cerf et le lièvre.

Du croisement de cette race avec celle de Saintonge provient, comme nous l'avons dit, la race de Virelade. On en possédait une autrefois connue sous le nom de *Chiens bleus* de Foudras. Leur peau était tigrée sous le poil, qui était souvent blanc; il en résultait que, lorsque ces chiens quêtaient dans un taillis humide de rosée ou sortaient d'un étang à la suite d'un animal, ils paraissaient bleus ou ardoisés. Ces chiens bleus, moins hauts que les races dont ils sortaient, étaient un peu plus bas sur jambes. Bien qu'un peu lents, ils chassaient le cerf et le lièvre dans la perfection, grâce à l'extrême finesse de leur nez et à leur ténacité. Cette race est à peu près disparue aujourd'hui.

Le Chien normand. — Le chien normand pur de

FIG. 13. — CHIEN DE GASCOGNE.

l'ancienne race est aujourd'hui perdu, et l'on peut assurer, dit M. de Canteleu, que le chien normand, réputé le plus pur aujourd'hui, a du sang anglais. Le chien normand est de la plus haute taille. Sa tête est sèche et carrée, au front large, avec deux proéminences assez prononcées sur le front entre les oreilles et les yeux ; son nez est assez court, large, à l'odorat exquis ; la face est ridée, les lèvres un peu pendantes, l'oreille longue, mince et papillotée en dedans. Le corps est un peu long, mais très-robuste ; le rein large, haut et harpé, les pattes fortes, la queue souvent grosse, portée en cierge. Le pelage est blanc ou gris fauve.

Le chien normand n'est pas très-rapide ; mais il a le nez excellent, est très-collé à la voie et a beaucoup de fond. Il chasse parfaitement toute espèce de bête. On en connaît plusieurs belles meutes en Normandie.

Le Chien vendéen. — La race du chien courant de Vendée se retrouve encore dans toute sa pureté chez quelques grands propriétaires de ce pays classique de la chasse ; telles sont les meutes de M. Baudry d'Asson et de M. Frossart de Guipy. Ce sont des chiens de haute taille, au jarret solide, qui chassent avec un entrain incomparable. Ils ont moins de voix et de fond que le Saintongeois et le Poitevin, mais leur allure est plus rapide. Les chiens vendéens sont de couleurs variées ; ceux de la meute de M. de Guipy sont tricolores, mais il en est de blancs et de gris, et cette couleur dominait même autrefois. C'est d'eux que parle le

FIG. 14. — CHIEN NORMAND.

roi Charles IX dans sa *Chasse royale*, lorsqu'il dit :
« Ce sont chiens gris, grands, chiens hauts sur jambes
et d'oreilles ; ceux de la vraye race ont l'échine large
et forte, le jarret droit et le pied bien fermé. Ce sont
chiens enragés, car il se faut rompre le col et les jambes pour les tenir. Si un cerf se dresse, ils le prendront et vite. »

Une variété du chien vendéen est le *Griffon vendéen,*
qui diffère du précédent en ce qu'il est couvert d'un
poil rude et frisé, d'un blanc grisâtre, parfois taché de
fauve ou de noir. M. le comte de Canteleu, de l'Eure,
en possède une fort belle meute. Ce sont chiens rudes
et vigoureux qui ne se rebutent jamais et chassent volontiers le loup et le sanglier.

Le Chien de Saint-Hubert. — Le chien de Saint-
Hubert est une des plus anciennes races de France ;
on l'élevait surtout dans les Ardennes, et elle a toujours fourni les limiers. C'est un chien puissant de
corsage, au rein assez court, et plus bas sur jambes
que le Normand. Ses oreilles sont assez longues ; son
poil est d'un noir tirant un peu sur le roux, marqué de
feu aux sourcils et aux pattes. Les chiens de Saint-
Hubert sont plus ardents, plus vites et plus rudes que
les Normands ; ne craignant ni les eaux, ni le froid.
Leur nez est des plus subtils et ils sont doués d'un
grand fond. Chasseurs intrépides, ils sont bons à tout
et ne quittent un animal qu'à la mort.

La race de Saint-Hubert a donné naissance, en Angleterre, au Talbot ou Southernhound (chien du Sud).

G. 15. — GRIFFON VENDÉEN.

Le Chien pour sangliers. — Cet animal, que les Anglais appellent *Wild Boarhound*, est un chien de première force. Les uns le considèrent comme formant une race distincte, les autres le font descendre de l'union du grand Lévrier avec le Mâtin français ou avec le Dogue de forte race. Du premier, il tiendrait sa vitesse; des derniers, sa force et son courage. Sa hauteur, mesurée à l'épaule, varie de 0ᵐ,76 à 0ᵐ,82. Son corps est plein et vigoureux, bien qu'il ne manque pas d'élégance; sa tête est longue et étroite, son museau carré, ses oreilles courtes et droites, ses pattes robustes et nerveuses; sa queue est mince, terminée en pointe et se recourbe sur le dos. Son pelage ressemble à celui du Mâtin; il est le plus habituellement d'un fauve rougeâtre tigré de noir; d'autres fois d'un gris ardoisé maculé de brun; plus rarement blanc avec des taches orangées. On lui donne parfois le nom de Grand Danois. En France et en Allemagne, on l'emploie à chasser le sanglier; en Norvége, pour chasser l'élan. Ce chien robuste chasse parfaitement le loup et peut, même seul, lutter avec lui.

Chiens Bassets. — Les Bassets sont d'une origine fort ancienne, puisqu'ils étaient déjà connus à Rome. Arrien dit que les peuples sauvages de la Bretagne élèvent ces chiens avec beaucoup de soin pour la chasse et leur donnent le nom d'Agasses. Les Bassets sont donc éminemment français et ils n'existent pas en Angleterre, à moins qu'on ne considère comme leur représentant le *Turnpit* (Tourne-broche), espèce de Ter-

FIG. 16. — CHIEN POUR SANGLIERS.

rier à corps allongé et à pattes très-courtes et torses.

Les Bassets sont bien reconnaissables à leur corps très-long et à leurs pattes très-courtes, qui leur donnent un aspect tout particulier. Ils ont la belle tête du

FIG. 17. — BASSET A JAMBES TORSES.

chien courant avec les oreilles longues, papillotées, le rein large et solide, la queue droite et redressée. La variété la plus répandue est celle à poil ras; son pelage est habituellement blanc, taché de noir ou de fauve, ou noir, marqué de feu au-dessus des yeux, sur la poitrine et sur les jambes. Une autre variété a le poil long et rude du Griffon, de couleur grisâtre ou blanc avec de larges taches café au lait. Le Basset à

jambes torses ne se distingue des précédents que par
la forme arquée de ses jambes de devant.

Les Bassets sont remplis de bonnes qualités ; ils sont
robustes, très-persévérants, infatigables, et chassent
toute espèce de bête ; mais le lapin est leur gibier de
prédilection. La brièveté de leurs jambes rend naturellement leur démarche très-lente ; mais cette lenteur
même est une qualité chez eux ; en effet, le gibier
chassé se rit de sa lenteur, méprise un semblable ennemi, et va en trottinant devant lui se livrer aux coups
du chasseur.

Le Basset s'élève facilement et chasse à huit ou
neuf mois. Les plus estimés viennent de l'Artois et de
la Flandre.

RACES ANGLAISES.

Le Talbot et le Limier anglais ou Bloodhound.
— Le Talbot descend du chien de Saint-Hubert, introduit en Angleterre par les Normands. Voici ce qu'en
dit le docteur Richardson dans son *Histoire naturelle
des Chiens* : « Le Talbot est peut-être la plus ancienne race parmi celles de nos chiens courants. Il n'est
pas vite, il a la gueule large, les lèvres pendantes, les
oreilles très-longues et grandes, une belle robe habituellement d'un blanc pur. C'était le chien courant
connu autrefois sous le nom de race de Saint-Hubert. »

Le Limier anglais ou Bloodhound, que l'on sépare
du Talbot, paraît être le même chien que le Saint-
Hubert. Il a la même conformation et la même taille

(0^m,60), un air majestueux, la tête longue, les oreilles très-allongées, le sommet de la tête très-protubérant. Il est, dit Richardson, plus vite et moins criant que le Talbot, mais très-fin de nez. Son poil est, comme celui de Saint-Hubert, noir ou roux charbonné.

L'étendue et la sûreté du flair chez le Limier est extrême, et l'on dressait autrefois ce chien à la chasse de l'homme lui-même. Le vaillant chef écossais Wallace, trahi par la fortune et par les siens, fut poursuivi et pris par les Anglais au moyen de Limiers qui lui avaient appartenu ; et, dans quelques colonies des Antilles, on avait recours, il y a peu d'années encore, à ce moyen pour atteindre les nègres qui se réfugiaient dans les bois pour fuir l'esclavage. De là, sans doute, le nom de *Bloodhound* (Chien de Sang) que lui donnent les Anglais.

Le Foxhound. — Le Foxhound ou chien à renards est aujourd'hui le favori des veneurs anglais, et il a presque entièrement remplacé les anciennes races de chiens courants dans la Grande-Bretagne : « Le Foxhound moderne, dit Stonehenge, est un des animaux les plus admirables de la création, ce qui est probablement dû aux soins incessants que l'on a pris pour l'améliorer pendant les deux derniers siècles. » Tout en faisant la part de la partialité anglaise en faveur d'un produit de sa façon, nous devons dire que le Foxhound est une fort jolie bête, remarquable par sa belle constitution, sa vigueur et sa rapidité extraordinaire ; il a du fond et un odorat très-fin, moins cependant que nos vieilles

FIG. 18. — LIMIER ANGLAIS (BLOODHOUND).

races de Saintonge et de Saint-Hubert, et c'est en réalité le seul chien capable de forcer le renard en quelques heures. Or, la chasse au renard est considérée comme la première entre toutes par les gentilshommes anglais. Le pur Foxhound provient du croisement des anciennes races de chiens courants, Talbot, Bloodhound, avec les Lévriers.

La taille du Foxhound varie entre 0^m,50 et 0^m,60 de hauteur. Suivant l'opinion de Beckford, cité par Stonehenge, le chien de moyenne taille est toujours préférable, parce qu'il est plus robuste et plus capable d'endurer la fatigue. Cependant, chaque sportsman a sa préférence pour la taille et la couleur des chiens, bien que tous soient d'accord sur leurs proportions. Il en est qui affirment qu'un chien de petite taille en battra souvent un plus grand ; qu'il escaladera mieux les collines et passera plus facilement dans les taillis. D'autres, au contraire, prétendent qu'un grand chien se frayera un chemin partout, qu'il traversera plus facilement des terres détrempées, et que pas une clôture, quelque élevée soit-elle, ne l'arrêtera. Les deux opinions sont soutenables, et tout dépendra donc de la contrée dans laquelle on emploiera ces chiens. Mais il est important pour l'œil que, dans une meute, tous les chiens soient à peu près de même taille, et qu'ils semblent tous être de la même famille. S'ils sont beaux de forme, l'ensemble sera alors parfait.

Il est quelques points importants dans la forme du chien que l'on ne doit jamais perdre de vue ; car, s'il n'a pas une parfaite symétrie, il ne pourra être ni

FIG. 19. — CHIEN POUR RENARDS (FOXHOUND).

rapide ni vigoureux. Que ses cuisses soient longues,
ses jambes droites et sèches comme des flèches, ses
pieds ronds et pas trop larges, ses épaules effacées, sa
poitrine profonde, son dos large, sa tête petite, son
cou étroit, sa queue épaisse, en brosse et portée haut.
Le coude en dehors et la jambe faible devront faire
exclure un chien de la meute. — La tête petite n'est
pas une condition de bonté, mais de beauté seulement, car des chiens à large tête ne sont pas infé-
rieurs.

La vitesse du Foxhound est prodigieuse, et ne peut
être égalée que par celle du Lévrier ; il peut parcourir
quatre milles (6 kil. 1/2) en huit minutes ; il en est
même qui le font en sept minutes. Les couleurs dominantes chez le Foxhound moderne sont le noir et le
blanc, avec des marques couleur de tan, le rouge, le
fauve, le gris. Ils sont parfois légèrement tiquetés,
mais rarement pommelés.

Le Foxhound est plein d'ardeur, il est toujours porté
à se jeter en avant et à redoubler de vitesse, comme
s'il savait instinctivement que le renard vise comme
but une retraite différente de celle dans laquelle on
l'a découvert ; tandis que le Harrier ou chien à lièvres est enclin à se reporter en arrière, comme s'il
connaissait la tendance du lièvre à retourner à la place
d'où il est parti, ce qu'il fera sûrement si on lui en
laisse le temps.

On connaît en Angleterre plus de cent belles meutes
de Foxhounds, et l'on cite parmi elles celle de M. le
duc de Beaufort. En France, où l'on chasse peu le

FIG. 20. — FOXHOUND, PURE RACE.

renard, cette race est beaucoup moins répandue ; on y cite cependant quelques belles meutes ; entre autres celles de M. le comte d'Osmond et de M. le vicomte de la Rochefoucauld.

Le Harrier[1] ou Chien à lièvres. — Le Harrier ou chien courant pour lièvre ressemble beaucoup au Foxhound ; mais il a la tête plus large, les oreilles plus longues, les lèvres plus développées, et il est proportionnellement un peu plus bas sur pattes. Sa hauteur est de $0^m,45$ à $0^m,50$. Sa vitesse est moindre que celle du Foxhound ; mais son nez est plus fin, sa patience et sa docilité parfaites, et sa gorge tellement sonore qu'on l'entend, lorsqu'il crie en meute, à plusieurs milles de distance. A ces différences près, le Harrier ressemble à un petit Foxhound pour les formes et les couleurs. Moins aristocratique que ce dernier, le Harrier fait les délices du gros fermier et du petit gentilhomme.

Le Beagle. — Le Beagle est un chien courant peu rapide, et, à cause de cela, un peu délaissé chez nos voisins d'outre-Manche. Il a cependant de bonnes qualités, est actif, très-tenace, a un flair excellent et la voix sonore. Quoique de proportions agréables, le Beagle a des formes plus ramassées et plus puissantes que le Harrier. Sa tête est large et ronde, son museau allongé, son nez court et carré ; ses oreilles, tombantes

1. Du nom anglais du lièvre, *hare.*

FIG. 21. — CHIEN A LIÈVRES (HARRIER).

et très-développées, reviennent en avant, ce qui donne à la physionomie de ce chien un caractère tout particulier. Il a le rein très-solide, la poitrine large, les pattes nerveuses et robustes. Les Beagles ont généralement le poil ras, un peu plus long sur les fesses et au bout de la queue, où il forme brosse. Sa taille varie de 0^m,32 à 0^m,38.

Le *Beagle nain* est une très-petite variété du précédent; il a un excellent nez, beaucoup d'activité, et proportionnellement plus de vitesse que le Beagle proprement dit. Sa taille ne dépasse guère 0^m,26 à 0^m,28, et il en est de si petits qu'on peut sans peine les mettre dans son carnier. Son corps est allongé et bas sur pattes; son poil blanc taché de noir ou de fauve. On l'emploie habituellement à la chasse du lapin. Il est très-vif et très-parlant.

Le Chien à Loutres. — Le chien à loutres (*Otter-hound*) est une race anglaise peu connue en France. Aucun chien, dit Stonehenge, ne ressemble plus au chien courant du Sud que le chien à loutres, sauf par son poil épais et rude qui lui permet de supporter les rigueurs du froid auquel il est exposé. Si donc le lecteur veut se reporter à la description du Talbot, et revêtir ce chien en imagination d'une épaisse et rude fourrure, avec de fortes moustaches, il pourra se rendre compte de l'aspect du chien à loutres, que nous figurons d'ailleurs plus loin. L'Otterhound nage et plonge parfaitement, et son nez est très-fin; mais, comme le Talbot, il manque de vitesse et d'entrain.

FIG. 22. — BEAGLE.

Comme ces chiens sont destinés à attaquer un animal très-sauvage et méchant, dont les morsures sont cruelles, ils doivent être naturellement courageux et endurants ; mais ils ont aussi les défauts de leurs qualités, c'est-à-dire un caractère sauvage et hargneux qui fait qu'ils se battent toujours dans le chenil, et il n'est pas rare d'en trouver de morts après ces engagements qui commencent par un combat singulier et finissent par une mêlée générale. Nul chien ne mord avec plus de fureur, si ce n'est le Bulldog, et, comme ce dernier, quand il tient, il ne lâche plus.

La hauteur ordinaire·du chien à loutres est de 0^m,55 à 0^m,62, — un peu moins pour la femelle, — son pelage est fauve ou rougeâtre taché de noir ou de gris.

Chiens anglo-français. — Par suite de l'introduction des races anglaises en France, à partir du règne de Louis XV, et du croisement de celles-ci avec nos vieilles races françaises, il s'est formé de nombreuses sous-races qui, par l'aspect général, tiennent de leurs progéniteurs, mais ont acquis des qualités que n'avaient pas leurs ancêtres français, principalement la vitesse.

Le plus grand nombre des meutes françaises sont aujourd'hui composées de chiens anglo-français, et ces chiens, qui unissent à la vitesse du chien anglais le nez et le fond de nos chiens français, sont fort estimés de nos veneurs modernes. On se sert beaucoup de ces chiens dans les grandes chasses de Chantilly. On

FIG. 23. — BEAGLE NAIN.

distingue l'anglo-normand, l'anglo-poitevin, l'anglo-gascon, l'anglo-vendéen, etc., qui tous offrent, à très-peu de choses près, les caractères des races originales. On peut dire que, généralement, ils sont un peu plus hauts sur pattes, ont la tête un peu moins allongée et les oreilles moins longues. Toutefois, ces métis ne tardent pas à perdre par le croisement leurs qualités acquises, et il faut avoir soin d'y infuser de temps en temps du sang des races pures.

Le Terrier. — Les Terriers sont des chiens de petite taille, mais doués d'une grande vivacité et d'un courage extrême. Ils ont, en général, le front haut, le crâne plat et étroit, le museau long et effilé ; leurs yeux sont petits et brillants, leur queue mince, au moins comme ossature.

On connaît aujourd'hui de nombreuses variétés de Terriers, que l'on distingue en deux sections principales : les Terriers à poils ras et ceux à poils longs. Le Terrier anglais et le Fox-terrier appartiennent à la première division ; dans la seconde se rangent le Terrier d'Écosse, le Dandy, le Skye, le Bedlington, l'Halifax.

Le *Terrier anglais*, tel qu'il est employé pour la chasse, est un vigoureux petit chien, de grand courage et de grande ténacité, dont le nez est aussi fin que celui du Harrier ou du Beagle. Lorsqu'il est croisé avec le Bulldog, son courage est indomptable, et on l'emploie à la destruction des rats, belettes, fouines et autres vermines dont la morsure fait renoncer l'Épa-

FIG. 24. — CHIEN A LOUTRES (OTTERHOUND)

gneul ou le Beagle, mais rend le Terrier encore plus ardent à leur poursuite. C'est le compagnon obligé du destructeur de rats et du fermier qui est incommodé par toutes ces bêtes voraces et puantes.

FIG. 25. — TERRIER ANGLAIS PUR.

Le Terrier anglais est un joli chien à poils ras et soyeux, dont la taille varie de 0^m,25 à 0^m,30. Ses formes sont élégantes, sa tête très-fine, son nez effilé, ses mâchoires fortes, ses oreilles courtes et dressées tournées en avant. Le cou est fort, mais de bonne longueur, le rein court et puissant, la poitrine pro-

FIG. 26. — CHIENNE FOXTERRIER.

fonde plutôt que large. Ses épaules sont robustes et lui permettent de creuser la terre longtemps sans fatigue. Les jambes sont minces mais bien musclées, les pieds ronds. La queue est fine, portée horizontalement. La vraie couleur du Terrier pur est le noir et le fauve; mais on en voit de blancs marqués de noir ou de rouge. Les plus estimés sont ceux où le noir et le fauve sont bien tranchés sans aucune marque blanche. Dans tous les cas, il y a toujours une petite tache couleur de feu au-dessus des yeux; le nez et le palais sont toujours noirs. Tel est le pur Terrier anglais, totalement différent de cet affreux toutou à museau court et épais, à gros yeux d'Épagneul, à dos long, à queue retroussée, si répandu de nos jours sous le nom de Chien anglais et qui n'est bon à rien. En Angleterre, on fait des paris considérables sur le nombre de rats qu'un Terrier tuera en un temps donné. Un bon Terrier peut détruire cent gros rats en dix minutes.

Le *Fox-Terrier* a des formes moins sveltes que le Terrier anglais; il est plus puissamment musclé, mais d'un beau galbe; sa taille est plus élevée et son poil moins doux et non soyeux. Il provient du croisement du Terrier pur avec le Bulldog. Le Fox-Terrier était autrefois employé pour la chasse au renard; on adjoignait à une meute de Foxhounds un couple de ces chiens destinés à se glisser dans le terrier où le renard aurait cherché un refuge et à l'en faire sortir; de là leur nom. Mais comme ils ne pouvaient suivre les Foxhounds, il fallait les emporter dans un panier.

Le *Terrier écossais* ressemble au pur Terrier anglais,

FIG. 27. — TERRIER GRIFFON D'ÉCOSSE.

si ce n'est que son poil est plus long, rude et hérissé. Ses couleurs habituelles sont également le noir et le fauve, et on le prise beaucoup lorsqu'il s'y mêle du gris, qui donne au chien cette apparence qu'on nomme poivre et sel. C'est un très-bon chien à rats, très-ardent et qui chasse tout, depuis le renard jusqu'à la souris; mais il préfère le rat à tout autre gibier.

La variété de Terrier connue sous le nom de *Dandy Dinmont*, est très-estimée en Angleterre. Elle provient, dit-on, du croisement du Terrier écossais avec le chien à loutres. Son corps très-long et ses jambes courtes lui donnent l'aspect d'un Basset griffon. Sa tête est large et son museau pointu, mais non effilé comme dans le Terrier anglais; ses oreilles sont larges et tombantes, ses yeux ronds et intelligents; sa queue est mince, légèrement recourbée au bout. Le Dandy est couvert d'un poil assez long et rude, tantôt d'un brun rougeâtre, tantôt d'un gris bleuâtre ou ardoisé sur le dos, avec du brun clair sur les jambes. Il a le poil long et soyeux sur la tête.

Le *Skye* ou Terrier de l'île de Skye, est également remarquable par la longueur de son corps et la brièveté de ses jambes. Sa tête est plutôt longue que large, et son cou allongé; de sorte que, mesuré de l'extrémité du nez à la naissance de la queue, il est trois fois plus long que haut. Son nez est pointu, mais tellement caché sous les longs poils qui tombent sur ses yeux qu'il est à peine visible; ses yeux sont perçants et expressifs, mais petits. Les oreilles, lorsqu'elles sont tombantes, sont larges et légèrement

FIG. 28. — TERRIER DANDY.

relevées ; dans la variété à oreilles droites, que l'on préfère dans le Nord, les oreilles sont dressées comme celles du renard ; la queue est mince, portée droite en arrière, c'est-à-dire non redressée vers le dos, mais ayant seulement une légère courbure qui l'empêche

FIG. 29. — DANDY A OREILLES DROITES.

de toucher le sol. Les jambes de devant sont légèrement arquées, ce qui donne à ce chien une ressemblance de plus avec certains Bassets ; mais ce n'est pas là un caractère indispensable à la race, et l'on doit même l'éviter autant que possible dans la sélection, bien qu'il existe toujours plus ou moins. Les ergots manquent entièrement, et lorsqu'ils existent, on peut les considérer comme un signe d'impureté.

Les couleurs les plus recherchées chez le Skye sont

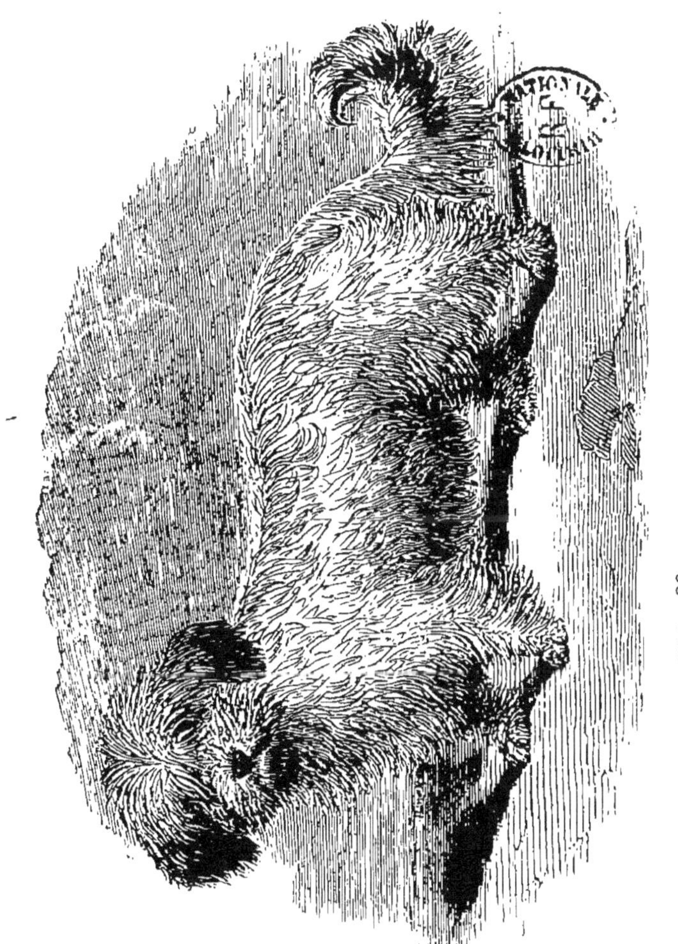

FIG. 30. — TERRIER SKYE.

le gris d'acier avec les extrémités noires, le fauve avec du brun à l'extrémité des oreilles et de la queue, le noir et fauve ; mais la plus petite trace de blanc est considérée comme un défaut et doit être soigneusement évitée. Le poil est long, droit et rude dans le Skye pur ; il descend de chaque côté du dos et touche presque le sol, sans la plus petite apparence de frisure ou de ressemblance avec la laine. Sur les jambes et le sommet de la tête, le poil est de couleur plus claire que sur le corps, il est aussi plus fin. Une variété de Skye, de très-petite taille, offre un poil long et doux.

Le Skye est peu employé comme chasseur ratier ; à cause de son originalité, il est plutôt considéré comme un des compagnons favoris de l'homme. Cependant il fait la chasse aux rats avec autant d'adresse et d'ardeur que les autres Terriers.

Le croisement du Skye avec l'Épagneul lui donne ce beau poil soyeux d'un noir de jais tant recherché par les dames, mais qui est le signe de l'impureté de sa race.

Le Terrier *Bedlington* est surtout répandu dans le nord de l'Angleterre. Il se rapproche du Terrier d'Écosse, étant comme lui haut sur pattes, ni trop long ni trop court de corps, à tête haute et étroite, avec de petits yeux ronds et brillants ; ses oreilles sont longues et tombent sur les joues, son cou est élancé, ses jambes sont longues et minces, mais bien formées. La couleur de son poil est d'un fauve roux ou d'un gris d'ardoise foncé ; dans le premier cas, son nez est rose.

FIG. 31. — TERRIER BEDLINGTON.

dans le second il est noir. C'est un excellent chasseur de rats et autre vermine.

Le *Terrier soyeux* du Yorkshire est un produit obtenu

FIG. 32. — TERRIER SOYEUX DU YORKSHIRE.

dans ces dernières années par le croisement du Terrier d'Ecosse avec le chien de Malte. Il ressemble beaucoup, pour les formes, au Terrier d'Écosse, mais il en diffère par son long poil soyeux d'une riche nuance bleue d'ardoise. Le poids de ce joli petit chien varie de 5 à 7 kilogrammes.

CHAPITRE IV.

Le Chien d'arrêt espagnol. — Le Pointer anglais. — Le Chien d'arrêt français, le Braque. — Le Chien de Dalmatie et le Danois. — L'Épagneul français. — L'Épagneul anglais et irlandais. — Le Clumber, le Sussex, le Cocker. — L'Épagneul d'eau. — Les Griffons. — Le Retriever.

Comme nous l'avons vu jusqu'ici, les chiens courants se fient à leur vitesse pour forcer le gibier et le tuent lorsqu'ils l'ont atteint; le sens de l'odorat, lorsqu'il est développé chez eux, ne leur sert qu'à suivre la piste de l'animal, que beaucoup d'entre eux ne chassent qu'à vue. Il n'en est plus de même des chiens d'arrêt; ceux-ci n'ont recours qu'au seul odorat pour découvrir le gibier auquel ils ne touchent pas, s'arrêtant ou se couchant devant pour avertir le chasseur, d'où le nom de chiens d'arrêt et de chiens couchants.

Le Chien d'arrêt espagnol. — De même que pour l'espèce du chien en général et pour beaucoup d'autres variétés, il existe sur l'origine du chien d'arrêt espagnol une grande diversité d'opinions. Suivan quelques auteurs, cette race descendrait du chien courant, et, par suite de l'éducation spéciale à laquelle on l'aurait soumise, elle serait devenue instinctivement plus portée à ce genre de chasse qu'à tout autre et ses facultés se seraient largement développées dans ce sens. Cette opinion ne paraît guère soutenable, si l'on considère combien sont différents les caractères physiques et les instincts qu'offrent ces deux races.

Aucun chien n'exige un plus grand développement du sens olfactif, aucun n'a besoin de plus de docilité et de patience, et, en quelque sorte, d'une puissance de raisonnement plus grande que le chien d'arrêt. Pour jouir de ces facultés, il lui faut un large cerveau et un nez bien développé. Par conséquent, on doit avant tout exiger du chien d'arrêt une tête volumineuse et pleine et un nez très-large, avec les babines pendantes qui accompagnent généralement un odorat très-développé. A cette forte tête se joint, dans le chien d'arrêt espagnol, un corps épais et pesant, tellement différent de celui du chien courant, qu'il y a tout lieu de croire que ces deux races sont bien distinctes et ont existé séparément depuis un temps très-reculé. En outre, leur façon de chasser est totalement différente, et il est difficile d'admettre que l'éducation ait pu modifier à ce point les instincts. En effet, le chien courant a toujours le nez à terre pour chercher la piste, tandis que le chien d'arrêt porte la tête haute et

FIG. 33. — CHIEN D'ARRÊT ESPAGNOL.

le nez au vent, comme si les émanations du corps lui
étaient apportées par la brise.

L'ancien chien d'arrêt espagnol n'existe plus guère
aujourd'hui à l'état de pureté, et nous donnons ici une
copie d'un ancien portrait de cet animal, qui montre
combien plus grand était chez lui que dans nos races
modernes le développement de la tête et du nez. On
voit en même temps par ses formes que c'était un
chien lourd et massif, incapable d'aller loin, ni vite,
comme le demandent nos sportsmen modernes dans
leurs battues en plaine pour la perdrix ou le coq de
bruyère. Nos ancêtres, qui se donnaient la peine de
chasser, accompagnaient pas à pas leurs chiens dans
la battue; mais de nos jours les chasseurs n'aiment
pas se donner tant de peine et ils font faire toute la
besogne à leurs chiens, ce qui nécessite chez eux une
certaine vivacité et du fond. Pour obtenir ce résultat,
on a en partie croisé l'ancien chien d'arrêt avec le
Foxhound, en partie fait choix, pour la reproduction,
des individus les plus légers et les plus actifs de l'ancienne race.

Le chien d'arrêt espagnol est caractérisé par sa
grande taille, sa corpulence, sa forte charpente
osseuse, ses membres musculeux, sa queue petite, qui
dans la gravure est représentée coupée, habitude pra-
tiquée autrefois pour le chien d'arrêt. La tête grande
et lourde, le museau large et carré, les oreilles pleines
et pendantes, mais pas si longues que celles du chien
courant. Son pelage est blanc et orangé, ou blanc et
marron foncé. Il est lent et lourd dans son action

marchant d'un pas régulier en remuant vivement sa queue et se fatiguant vite. Trois ou quatre heures de travail est tout ce que l'on peut attendre de ce chien, qui est aujourd'hui à peu près complétement remplacé par le chien d'arrêt moderne ou *Pointer*.

Le chien d'arrêt anglais ou Pointer. — Le Pointer anglais est un des plus beaux chiens existants et partage avec le chien couchant ou *Setter*, l'admiration de tous ceux qui se livrent aux plaisirs de la chasse au tir. Le dessin ci-après représente parfaitement le Pointer moderne, qui, à la tête et au museau bien développés du chien d'arrêt espagnol, joint un corps et des membres bien différents. C'est un chien élégant de formes, aux membres secs et nerveux, rapide trotteur si on le compare à l'ancien chien d'arrêt, et qui parcourra dans tous les sens un champ d'une assez grande étendue dans le temps que mettra son maître à le traverser d'un pas modéré. Cependant une extrême vitesse est plutôt nuisible qu'utile chez le Pointer qui, par un temps peu favorable, pourra passer à quelques mètres d'un oiseau ou même d'une couvée sans s'arrêter, ou qui par le bruit qu'il produit en courant à travers les plantes fait partir l'oiseau hors de portée.

Les principaux caractères que l'on doit rechercher dans un Pointer sont : une tête modérément grosse, plutôt large que longue, avec le front élevé et l'œil intelligent; le museau large, un peu carré, non rétréci comme dans le chien courant; les babines bien accusées. La tête doit être bien attachée sur le cou, avec cette forme particulière au Pointer; le cou doit être lui-même long, arrondi supérieurement, sans aucune apparence de fanon ou de fraise; le corps de bonne longueur, avec un rein solide, de larges hanches, des côtes bien arquées, une poitrine profonde; la queue ou le fouet, comme on l'appelle, forte à la racine, mais diminuant subitement pour devenir très-fine et terminée en pointe comme un pinceau. Cette forme de queue est un signe de race, et son absence indique le croisement avec un autre chien. La forme des épaules est très-importante dans le Pointer; car si celles-ci ne sont pas bien conformées, il ne pourra ni s'arrêter net, ni tourner rapidement sur lui-même comme il doit le faire, ni soutenir son travail tout un jour. Il est donc nécessaire que l'omoplate soit longue, oblique et bien musclée, jointe à un bras long dont le coude soit placé bien au-dessous de la poitrine, et que l'avant-bras soit court. La jambe antérieure doit être ossue, bien garnie de muscles et de tendons, le genou solide et le pied rond, pourvu d'une semelle épaisse. Le train de derrière doit être pourvu de hanches et de cuisses bien en chair, de jarrets solides et de jambes nerveuses comme celles de devant. La robe du chien d'arrêt doit être blanche autant que possible, afin qu'on le puisse distinguer aisément à travers les bruyères ou les hautes cultures au milieu desquelles il se trouve parfois à moitié caché. La robe de couleur noire ou fauve est très-belle, mais elle offre de graves inconvénients dans le cas indiqué ci-dessus. Les chiens blancs avec la tête noire, orangée ou blonde,

FIG. 31. — POINTER ANGLAIS.

sont particulièrement estimés; quelques taches de ces couleurs sur le corps ne nuisent pas et sont d'un joli effet. Les Pointers noirs et les blancs sont parfois marqués de feu au-dessus des yeux et sur les joues; mais on considère généralement ce dernier caractère comme un indice de croisement avec le Foxhound. Cependant, d'après Stonehenge, si l'on unit ensemble un Pointer blanc et orangé avec un noir et blanc, cette sorte de marque pourra se produire également. Le poil est toujours court et doux au toucher.

L'engouement que l'on avait autrefois en France pour les chiens anglais a beaucoup diminué, mais peut-être ne les estime-t-on pas ce qu'ils valent réellement. On n'a pas assez réfléchi que leurs défauts tiennent le plus souvent à l'ignorance de notre langue. Un chasseur anglais ne parle pas à son chien comme un chasseur français; les intonations sont différentes, et le chien habitué à l'une, ne comprendra pas l'autre, et il la comprendra d'autant moins qu'il sera mieux dressé. Lors donc qu'on fait venir ces chiens tout dressés, il faudrait aussi faire venir celui qui les a élevés. Au lieu de se procurer des chiens tout formés, il faut prendre des lices pleines ou de tout jeunes chiens qui n'ont encore reçu aucune éducation.

Le Chien d'arrêt français, — le Braque. — En France, on s'est longtemps servi du chien d'arrêt espagnol, soit pur, soit croisé avec nos races françaises, jusqu'au moment où l'engouement pour les chiens anglais fit introduire, en même temps que le Foxhound

FIG. 35. — BRAQUE FRANÇAIS, RACE DE SAINT-GERMAIN.

pour la chasse à courre, le Pointer pour la chasse à
tir. Du croisement de ce dernier avec le chien espagnol on obtint ces chiens d'arrêt à la robe blanche
tachée d'orange que l'on voit représentés dans les
tableaux d'Oudry et de Desportes, et que l'on dési-
gnait sous le nom de *Chiens de Saint-Germain*. Ces
chiens, un peu lents, mais dont le nez était exquis,
ont depuis fait place aux Pointers anglais purs, défini-
tivement adoptés en France sous la Restauration.

Les BRAQUES constituent une race très-anciennement
répandue en France et qui présente de nombreuses
variétés. Le nom de *Braque* vient du verbe *braquer*,
dont la signification est à peu près la même que celle
du mot anglais *pointer*.

Le Braque ordinaire est un chien de formes plus
légères que le chien d'arrêt espagnol; à tête de grosseur moyenne, au front large et élevé, dénotant un
grand développement du cerveau; le museau est court,
un peu carré, les babines pendantes, l'œil petit, mais
vif et expressif; les oreilles plantées haut sur la tête,
pas très-grandes; le cou court et fort, la poitrine profonde, les pattes fortes et bien musclées. Sa taille
varie de 0^m,55 à 0^m,65 de hauteur à l'épaule. Son poil
est ras, fin et luisant, à fond blanc taché de marron
ou de brun plus ou moins foncé.

Dans le pays de plaine et les terrains secs, le Braque
est le meilleur chien d'arrêt que l'on puisse avoir,
parce que son odorat résiste à la chaleur et à la sécheresse; mais dans les terrains humides et les marais
il ne vaut rien, non-seulement parce qu'il ne va pas

volontiers à l'eau, mais encore parce que l'humidité lui fait venir aux jarrets des nodosités qui le mettent hors de service. Le Braque est un chien très-intelligent et très-éducable; mais il a des défauts. Il est moins obéissant que le Pointer et l'Épagneul, plus obstiné, craignant moins les corrections. Il est, en outre, très-coureur, très-gourmand et assez hargneux.

Le *Braque du Poitou* est un de ceux qui se sont conservés le plus purs. Il n'est pas très-vif, mais son odorat est d'une finesse excessive; il évente le gibier à de très-grandes distances et arrête avec une fermeté parfaite. Son pelage est habituellement blanc, taché de brun rouge.

Le *Braque de Picardie*, avec les mêmes formes et les mêmes qualités, a le poil brun ou rougeâtre.

Le Braque à nez fendu n'est qu'une variété des précédents.

Le *Braque du Bengale* a des formes moins carrées que le Braque ordinaire; sa tête est un peu plus allongée. Il est plus soumis et plus fidèle que le Braque ordinaire, mais il est peut-être moins intelligent. Indépendamment des larges taches brunes sur fond blanc, son pelage est entièrement moucheté de petites taches; il a des taches de feu au-dessus des yeux.

Du croisement des Braques avec le chien d'arrêt espagnol et le Pointer anglais sont résultées de nombreuses variétés, dont les caractères sont difficiles à déterminer. En France, on attache généralement moins d'importance à la pureté de la race qu'en Angleterre, et l'on considère comme bon chien tout animal qui remplit bien les conditions voulues.

Le Chien de Dalmatie et le Chien danois. — Le chien de Dalmatie est un beau chien de formes élégantes, haut de taille (0ᵐ,61 à 0ᵐ,65), et qui ressemble au Pointer; mais il est un peu plus élevé sur pattes et a la tête plus allongée et plus fine. On a l'habitude de lui couper les oreilles, comme le montre la figure ci-dessus. Son pelage est blanc, agréablement parsemé de petites taches noires, et sa beauté consiste dans la grandeur uniforme des taches, qui doivent avoir de 0ᵐ,022 à 0ᵐ025 de diamètre et être bien distinctes. Ce chien est remarquable par son attachement pour les chevaux, qu'il accompagne partout. C'était autrefois la mode que tout équipage de luxe fût accompagné d'un ou de deux de ces beaux chiens bondissant autour des chevaux. Dans sa contrée natale, le chien de Dalmatie est employé comme chien d'arrêt, et, lorsqu'il est bien dressé, il remplit parfaitement son rôle. On donne souvent à ce chien le nom de *grand Danois.*

Le *petit Danois* est d'une taille inférieure à celle du chien de Dalmatie; mais ses formes, sa robe mouchetée et son goût pour les chevaux sont les mêmes.

L'Épagneul. — Les Épagneuls sont remarquables par la capacité de leur crâne et par la largeur des sinus frontaux, qui annoncent chez ces chiens un grand développement du cerveau, et, par conséquent, beau-

FIG. 36. — CHIEN DE DALMATIE.

coup d'intelligence. Leur mâchoire inférieure est très-arquée, leurs oreilles grandes et pendantes, leur nez moins effilé que dans les races précédentes; mais leur odorat est cependant très-fin. Ils sont revêtus d'un poil long et soyeux, surtout sur la queue, dont les longues soies forment un élégant panache flottant. Comme son nom l'indique, l'Épagneul est originaire de l'Espagne, d'où il a été très-anciennement introduit en France. C'est un excellent chien d'arrêt, plus calme et plus posé que le Pointer et le Braque, et remarquable pour sa docilité, sa fidélité et son intelligence. Il est très-bon pour la chasse en plaine, et encore meilleur pour la chasse au marais, étant toujours disposé à se mettre à l'eau en toute saison. Son seul défaut est de craindre beaucoup la chaleur et de perdre une partie de son flair.

On donne souvent aux Épagneuls le nom de *chiens couchants* (en anglais *Setter*), nom qui vient de leur ancienne habitude de se coucher à plat ventre devant le gibier. Avant l'invention des armes à feu, on ne pouvait tirer les oiseaux au vol, et l'on employait ces chiens pour tenir en arrêt le gibier, sur lequel on lançait un filet. Il était par conséquent plus commode que le chien se tînt couché plutôt que debout. Mais lorsque l'usage du fusil fut répandu, il devint au contraire plus commode que le chien se tînt debout, parce qu'il était plus visible, et alors, soit par suite de son éducation, soit par suite de son croisement avec le chien d'arrêt, l'Épagneul perdit cette habitude de se coucher, bien que quelques-uns aient conservé une allure rampante en s'approchant du gibier.

L'Épagneul français est élégant de formes ; sa tête est moins lourde que celle du Pointer et du Braque ; son museau est moins large et moins carré ; ses yeux sont vifs et petillants, son oreille longue et mince, couverte d'un long poil soyeux, légèrement ondulé.

FIG. 37. — ÉPAGNEUL FRANÇAIS.

Son cou est plus long, plus léger et plus flexible que celui du Pointer. Le dos est un peu moins long et le rein un peu moins fort ; les hanches plus saillantes et les côtes moins arquées. La queue est portée un peu plus bas, légèrement recourbée vers l'extrémité et garnie d'un beau panache de longs poils. L'épaule est très-longue et fine, le bras très-long et le coude placé un peu au-dessous de la poitrine, ce qui fait paraître l'avant-bras très-court, comme on le voit dans la belle figure placée en tête de cet article. Le train de derrière n'est pas aussi musculeux que dans le Pointer, mais les cuisses sont plus longues et les jarrets plus forts. Le derrière des jambes est garni de longs poils; le pied est rond, solide, muni d'une semelle épaisse. Le pelage de l'Épagneul est habituellement d'un marron uniforme ou taché de blanc; on en voit de noirs et de blancs tachés de brun.

Par suite de son croisement avec d'autres races, l'Épagneul a donné naissance à de nombreuses variétés, dont les caractères sont trop peu fixes pour pouvoir être décrits. Une d'elles, l'*Épagneul frisé,* est assez semblable à l'Épagneul français; mais son poil est plus court, frisé et bouclé sur tout le corps, excepté aux oreilles, où il est long et soyeux. Sa couleur dominante est le brun chocolat foncé. Il a les mêmes qualités que l'Épagneul français.

L'Épagneul anglais et l'Épagneul irlandais. — L'Épagneul anglais ou *Setter* paraît descendre de l'Épagneul de vieille race croisé avec le Pointer. Il ressemble beaucoup à l'Épagneul français; mais il en diffère par ses formes plus légères, plus élancées, par ses oreilles plus haut placées, plus petites, par sa queue plus recourbée et plus relevée. Les qualités dominantes de l'Épagneul anglais sont une grande vitesse, de l'activité, de la ténacité, une grande insensibilité au froid et à l'humidité. C'est le meilleur chien pour chasser dans les moors de l'Angleterre et de

FIG. 38. — ÉPAGNEUL FRISÉ.

l'Irlande ; mais, comme l'Épagneul français, il ne peut supporter longtemps la chaleur, s'il n'a à sa portée quelque flaque d'eau dans laquelle il puisse rafraîchir sa peau sèche. Aussi préfère-t-on généralement dans le sud le Pointer au Setter, tandis que dans le nord, et surtout en Écosse, on préfère ce dernier comme plus robuste et plus résistant aux intempéries et aux rigueurs de l'hiver.

L'Épagneul irlandais ressemble beaucoup à l'Épagneul anglais ; mais il existe entre eux certaines différences légères que l'on ne pourrait décrire et qui, cependant, les font distinguer par un œil exercé. L'Épagneul irlandais a son pelage d'un beau rouge acajou, plus rarement noir, ou blanc et rouge ; mais il doit toujours avoir la bouche noire. (Frontispice, fig. 39.)

La robe de l'Épagneul anglais est presque toujours, comme celle du Pointer, à fond blanc, avec la tête noire, rouge ou jaune, et parfois de l'une de ces couleurs, tiquetée ou non. Quelques-uns sont d'un noir ou d'un blanc purs ; d'autres marqués de feu, surtout au-dessus des yeux.

Le poil de l'Épagneul est très-important à considérer dans le choix que l'on fait pour la reproduction de la race, et de lui dépendent en partie les qualités du chien. Ainsi, tandis que l'Épagneul à poil fin et clair supporte bien la chaleur, comme le Pointer, celui dont le poil est épais et frisé perd complétement ses qualités par un temps chaud. La meilleure sorte de poil est celle qui est composée d'un seul poil soyeux, sans bourre laineuse dessous, et qui, sans être frisé,

FIG. 10. — ÉPAGNEUL ANGLAIS (SETTER).

offre çà et là une légère ondulation. Les jambes doivent cependant être toujours bien garnies de poil, ainsi que les pieds et la queue.

L'Épagneul écossais ou de Gordon ressemble beaucoup au Setter anglais, mais il est un peu plus vigoureux et trapu de formes; son poil soyeux et bien fourni est d'un brun foncé, presque noir, parfois taché de blanc. Cette race est fort répandue dans le nord de l'Angleterre et en Écosse.

Le Springer, le Cocker, le Clumber, le Sussex. — Pour la battue en plaine découverte, les meilleurs chiens sont ceux que nous venons de décrire, Pointers, Braques et Épagneuls; mais pour la chasse à tir sous bois taillis, il est utile d'avoir de petits chiens qui puissent facilement se glisser dans les fourrés, à travers les ronciers, et soient cependant assez robustes pour supporter la fatigue et les intempéries. Ils doivent avoir un excellent nez, obéir promptement au commandement, ne pas trop s'éloigner du chasseur ni aller trop vite, pour que celui-ci puisse les suivre. Ils doivent aussi avoir la voix musicale, mais pas trop bruyante, c'est-à-dire faire connaître à leur maître par leurs diverses intonations, lorsqu'ils sont hors de la vue, non-seulement s'ils sont en quête ou en arrêt, mais encore à quelle espèce de gibier ils ont affaire. Pour les besoins de cette chasse, les Anglais ont obtenu plusieurs variétés d'Épagneuls de petite taille, dont les principales sont : le Springer, le Cocker, le Clumber et le Sussex.

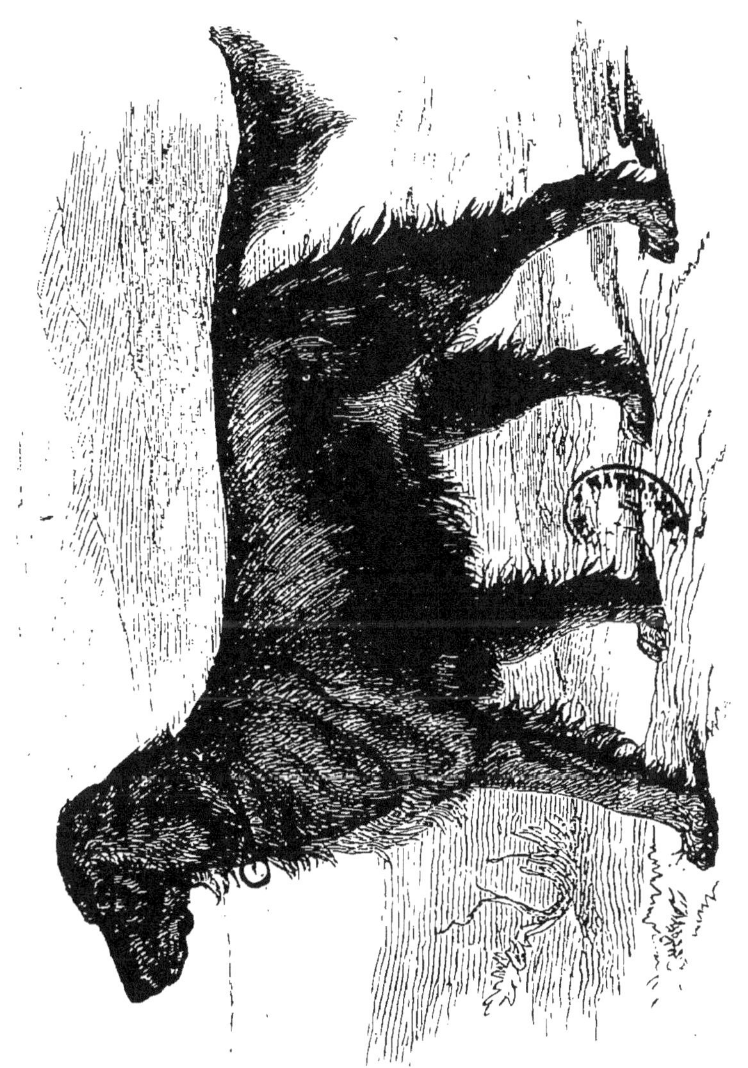

FIG. 41. — ÉPAGNEUL ÉCOSSAIS OU DE GORDON.

L'*Épagneul springer* ou sauteur a le nez très-fin et très-sur; il est très-docile et intelligent; mais il est lourd et lent dans son action et se fatigue vite. Trois ou quatre heures de travail est tout ce que l'on en peut attendre, aussi l'emploie-t-on rarement pour de grandes battues.

Le *Cocker* est un élégant petit Épagneul, moitié plus petit que l'Épagneul anglais; ses formes sont plus délicates, sa tête plus ronde, son museau plus pointu; ses oreilles sont de bonne longueur, légères et bien garnies d'un poil doux et ondulé; son œil est de grandeur moyenne, vif et intelligent. Sa queue est proportionnellement aussi longue que celle du Setter, mais on a l'habitude de la couper de moitié pour empêcher qu'elle ne gêne le chien dans sa course à travers les taillis et les ronciers. Son pelage doit être épais, soyeux, légèrement ondulé, mais non frisé, ce dernier caractère indiquant son croisement avec l'Épagneul d'eau. Sa couleur varie du noir ou du marron foncé au blanc et noir, blanc et orangé.

Le Cocker possède un flair exquis; il chasse avec beaucoup de vivacité, trottant à droite et à gauche sans trop s'éloigner de son maître, et tombant tout d'un coup en arrêt. En Angleterre et en Écosse, on l'emploie surtout à la chasse du coq de bruyères, d'où son nom de *Cocker*.

Le *Clumber* ou Épagneul basset a les formes lourdes; son corps est remarquablement long et bas sur pattes. Sa hauteur est de 0^m,32 à 0^m,38. Sa tête est large et pleine, à museau carré, ordinairement de couleur de

FIG. 42. — ÉPAGNEULS COCKERS.

chair, à babines pendantes ; les oreilles longues, tombantes, garnies d'un poil ondulé peu épais. Son corps est long et vigoureux, sa poitrine profonde ; sa queue pas très-longue, garnie de poils soyeux formant panache. Les épaules sont épaisses et larges, les jambes courtes mais vigoureuses, celles de derrière bien fournies de poil. Le pelage du Clumber est très-épais, il doit être soyeux et ondulé, mais non frisé. Il est habituellement blanc taché d'orange, avec la tête parfois de cette dernière couleur, ou bien marron marqué de blanc. Le Clumber n'aboie jamais lorsqu'il chasse.

Le *Sussex* est, comme le Clumber, un Épagneul basset ; mais il diffère de celui-ci par sa forme, sa couleur et sa manière de chasser, donnant toujours un coup de gueule à la vue du gibier pour prévenir le chasseur. Son corps est encore plus long et ses pattes plus courtes que chez le Clumber ; mais ses formes sont plus arrondies, sa tête est moins massive, son museau plat. Ses oreilles sont très-longues et arrondies ; son poil est épais, doux, soyeux et légèrement ondulé, de couleur marron foncé ou chocolat. Ses jambes sont fortes et bien fournies de poils. Le Sussex est un excellent chien d'arrêt, à nez très-fin ; très-docile et plein d'intelligence ; mais il est lent et grave. Sa taille est la même que celle du Clumber.

L'Épagneul d'eau. — Ce chien se distingue de l'épagneul ordinaire non-seulement par ses goûts éminemment aquatiques, mais par ses formes plus déli-

F G. 43. — ÉPAGNEUL BASSET CLUMBER.

cates, ses jambes plus longues. son poil plus épais et frisé. Sa tête est plus fine et plus allongée, ses oreilles longues, couvertes d'un poil frisé, ses yeux petits, mais très-vifs. Son rein est long et flexible, sa poitrine profonde, ses membres fins mais bien musclés; les pieds sont beaucoup plus larges et plus aplatis que dans les autres variétés d'Épagneuls; la queue est ronde, légèrement recourbée vers le bout et couverte d'un poil épais et frisé, sans panache. Son pelage n'est pas très-long, mais il est fort épais, de nature laineuse, plus ou moins frisé, et huileux au point de résister à l'action de l'eau. Cette qualité huileuse du poil donne à ce chien une odeur rance assez forte, qui fait qu'on ne peut l'admettre dans l'intimité de l'intérieur. Sa couleur est habituellement marron taché de blanc ou puce sans aucune trace de blanc; ce dernier est considéré comme de plus pure race.

Ce chien aime par dessus tout l'eau, et y entre de son plein gré, quelque froide qu'elle soit. Il nage et plonge admirablement, peut rester dans l'eau plusieurs heures sans se fatiguer, et lorsqu'il en sort, après s'être secoué, il est aussi sec qu'avant d'y être entré. On emploie l'Épagneul d'eau à la chasse au marais : son nez est assez fin et il est susceptible de recevoir une bonne éducation, mais celle-ci est parfois longue à faire, parce qu'il est de sa nature turbulent et que son rôle demande au contraire de la circonspection et du silence.

C'est une croyance assez généralement répandue, que les Épagneuls d'eau et le chien de Terre-Neuve

FIG. 41. — ÉPAGNEUL BASSET SUSSEX.

se distinguent des autres chiens par leurs pieds palmés;
mais, en réalité, tous les chiens ont les doigts unis
entre eux par une membrane et la seule différence
qui existe entre les chiens coureurs et les chiens na-
geurs, c'est que chez ces derniers le pied est plus
large et la membrane interdigitale plus lâche, ce qui
permet l'écartement des doigts et favorise la natation.

Le Griffon. — Le Griffon se rapproche du Braque
par ses formes; mais il est couvert d'un poil long et
rude, souvent même hérissé. Sa tête est plus arrondie,
son museau moins épais et garni d'épaisses moustaches, ses oreilles plus courtes et rondes, ses yeux
petits. Son pelage est le plus souvent fauve ou gris,
parfois mélangé de noir et de blanc. Le Griffon a bon
nez, chasse avec ardeur et affronte bravement les
broussailles et les ronciers les plus épais, garanti qu'il
est par son rude poil. Il va très-bien à l'eau, et devient
excellent pour la chasse au marais quand il est bien
dressé.

Le Griffon russe. — Ce chien ressemble beaucoup
au précédent; mais ses formes sont presque entièrement cachées sous une épaisse fourrure de longs poils
laineux entremêlés de la façon la plus extraordinaire.
Il porte comme le Griffon ordinaire une forte mous-
tache, mais d'un poil plus fin. Ses jambes sont sèches et
vigoureuses, ses pieds plats, mais garnis d'une solide
semelle et bien fourrés. — Le Griffon russe est un
très-bon chien d'arrêt, explorant le terrain sagement,

FIG. 45. — ÉPAGNEUL D'EAU.

la tête et la queue élevées. Il possède une grande finesse d'odorat et la conserve dans tous les temps, même pendant les fortes chaleurs, avantage que ne possèdent pas les Épagneuls en général. Son intelli-

FIG. 46. — GRIFFON D'ARRÊT FRANÇAIS.

gence et sa docilité sont en outre très-grandes. Ce chien est fort estimé par les chasseurs anglais, qui le croisent volontiers avec le Setter.

Le Retriever. — Le nom de *Retriever*, littéralement « Retrouveur », est un chien destiné en Angleterre à rapporter les pièces abattues ou à retrouver le gibier blessé.

C'est l'habitude en Angleterre, pour la chasse à tir, d'avoir au moins deux chiens, l'un pour découvrir et arrêter le gibier, l'autre pour le rapporter lorsqu'il est tombé à terre.

FIG. 47. — GRIFFON RUSSE.

On emploie habituellement comme Retriever un chien provenant du croisement du chien d'arrêt (*Setter*) avec le chien de Terre-Neuve. C'est un grand Épagneul noir, de formes massives, ressemblant à un petit Terre-Neuve, mais dont la tête est plus allongée, les oreilles plus courtes et moins garnies de poil. On en distingue

8

deux variétés, l'une à poil long et ondulé, l'autre à poil plus court, frisé en petites boucles (fig. 18, frontispice). Toutes deux ont 0^m,56 à 0^m,62 de hauteur mesurée à l'épaule.

Les qualités que doit posséder un bon Retriever sont : une grande délicatesse de flair, beaucoup de modération pour ne pas courir sus au gibier lorsqu'il le sent devant lui, une grande sagacité pour suivre le gibier blessé et déjouer ses ruses ; enfin, une docilité et une intelligence suffisantes pour lui faire exécuter sur-le-champ les ordres de son maître. Ce chien, s'il est dressé convenablement, peut chasser aussi bien qu'un autre chien d'arrêt ; mais il est lent et se fatigue promptement.

FIG. 48. — LE RETRIEVER.

CHAPITRE V.

Le Chien de berger. — Le chien de berger est de
tous les chiens celui qui paraît se rapprocher le plus
de l'état de nature ; aussi Buffon voyait-il en lui la
souche de toutes nos races domestiques. Il a l'aspect
sauvage, les formes rudes et grossières. Sa tête est
allongée, pas trop grosse, mais à front élevé et arrondi,
marque d'une intelligence développée ; son museau
est étroit et pointu, ses yeux petits, mais perçants, ses
oreilles courtes et droites. Son corps, bien proportionné, se rapproche pour la forme de celui du Mâtin
et est couvert d'un poil long et hérissé, de couleur
noire ou d'un gris foncé ; sa queue est naturellement
longue et touffue, pendante ou légèrement recourbée
en haut ; ses jambes et ses pieds sont robustes et bien
formés.

Le chien de berger est aussi ancien que l'état pas-

FIG. 49. — CHIEN DE BERGER ANGLAIS.

toral : son intelligence, son activité, son obéissance sont admirables. Il brave toutes les températures, supporte la faim et la fatigue et se contente d'une chétive nourriture ; il est aussi sobre que laborieux. Il conduit et gouverne le troupeau avec un ordre admirable, le contient dans sa marche, le rassemble s'il s'écarte, l'éloigne des cultures et y maintient l'ordre et la discipline, ce que ne pourrait faire sans lui le berger. D'une activité infatigable, il va, revient, tourne, retourne, et monte ainsi la garde pendant des journées entières, prenant à peine quelque repos en se couchant aux pieds de son maître quand celui-ci s'arrête.

Les variétés du chien de berger sont très-nombreuses ; il y en a de toutes les tailles et de toutes les couleurs, mais toujours avec les mêmes formes et le poil hérissé. L'une des races les plus estimées en France est celle des *chiens de Brie* à poil long et assez doux, de couleur fauve parfois taché de noir. Sa hauteur varie de 0^m,65 à 0^m,75.

Le chien de berger anglais ressemble à notre chien de Brie ; mais il a des formes un peu plus élancées et n'a pas de queue. Une ancienne loi anglaise exemptait de la taxe tout chien de berger qui n'avait pas de queue, et, pour cette raison, on la leur coupait toujours. Par suite de cette mutilation constamment répétée, cet organe a disparu et la plupart de ces chiens naissent aujourd'hui sans queue.

Le Chien de berger écossais (race **Colley.**) — Le

IG. 50. — CHIEN DE BERGER ECOSSAIS (COLLEY).

chien de berger d'Écosse, dont nous donnons ici une excellente figure, est un des chiens les plus beaux et les plus utiles de la Grande-Bretagne. Sa tête large et haute, son museau allongé et fin lui donnent un air intelligent que ne démentent pas ses habitudes. Son corps, de formes élégantes, est couvert d'une fourrure épaisse comparable à celle du renard et qui le protége contre la rigueur du froid des montagnes de l'Écosse. Ses jambes et ses pieds sont robustes et bien formés, sa queue est longue, très-touffue et recourbée vers le bout, comme celle du chien de Terre-Neuve. Sa couleur est presque toujours noire et fauve avec très-peu ou pas de blanc. Sa taille est un peu moindre que celle du chien de berger ordinaire.

Ce chien, que l'on nomme en Angleterre *Colley,* montre une sagacité et une persévérance admirables dans la conduite et la garde des troupeaux, au milieu de ces précipices et de ces sommets inaccessibles sur lesquels aiment à paître les moutons en Écosse.

Le Chien de montagne. — Ce beau chien est le produit de l'union du chien de berger avec une forte race de mâtin. Il est plus grand que le chien de Brie, plus fort, plus propre à combattre et à écarter les loups, mais moins intelligent. On le préfère dans les pays boisés et montagneux, ainsi que pour accompagner les troupeaux en voyage. Sa tête est forte, son front large et son cou gros; il a les yeux et le nez noirs et les lèvres d'un rouge obscur. Son pelage est épais, dur et frisé, ordinairement brun ou blanc taché de gris. Sa queue est touffue, recourbée au bout. Tels sont le chien des Pyrénées, le chien des Alpes et le chien des Abruzzes, bêtes de taille colossale, douées d'un courage féroce, qui défendent leur maître et sa propriété jusqu'à la mort, contre les bêtes et les hommes de rapine.

Le Chien à loups de Poméranie. — Comme les précédents, ce chien est un animal de forte taille, employé à protéger les troupeaux contre le loup. Il a la tête longue, le museau pointu, les oreilles droites et courtes. Il a la forme d'un loup avec de longs poils soyeux sur le corps et sur la queue, plus courts sur la tête, les jambes et les oreilles. Son pelage est noir, blanc, gris ou fauve ; lorsqu'il est de couleur claire, les oreilles et le museau sont de nuance plus foncée. La queue est longue et recourbée en spirale.

Le Chien de Terre-Neuve. — Tout le monde connaît ce beau chien, originaire de l'île de Terre-Neuve, et si remarquable non-seulement par sa taille et son habileté de nageur, mais encore pour son intelligence et sa douceur. Ses formes sont robustes et massives, sa tête pas très-grande en comparaison de sa taille ; mais son front est très-large, son museau de dimensions moyennes ; ses yeux petits, mais pleins d'intelligence et de douceur ; ses oreilles petites, tombantes et médiocrement poilues. Son cou est court et garni de poils très-longs et très-épais ; la queue est longue, très-touffue et légèrement recourbée sur elle-même ; les jambes sont très-robustes et couvertes d'un poil court, les pieds larges et plats, avec les membranes interdigitales très-développées et se prolongeant presque jusqu'aux ongles, ce qui lui facilite beaucoup l'exercice de la nage. Son pelage est long et épais, assez fin, doux et frisé, ordinairement de couleur noire, parfois mêlé de blanc, surtout sur la poitrine et sur le front ; il est plus rarement d'un brun rougeâtre foncé. Il mesure à l'épaule de 0^m,65 à 0^m,75.

Malgré sa force athlétique, le chien de Terre-Neuve est d'un naturel doux et caressant ; il aime beaucoup à être flatté, et son intelligence le rend capable de tous les exercices qu'on lui demande. Dans nos contrées, on n'utilise ce chien que comme compagnon ou gardien de l'homme ; mais, dans son pays natal, on ne lui donne pas les soins qu'il mérite ; on l'emploie à traîner des fardeaux pesants sur la neige, en l'attelant à des traîneaux faits exprès. On le nourrit de poisson de rebut, souvent en quantité insuffisante, et il arrive parfois que, poussé par la faim, il se jette sur la volaille.

Le chien de Terre-Neuve semble avoir fait de l'eau son élément principal ; il s'y soutient sans aucun effort et comme en se jouant ; il la recherche avec ardeur et paraît trouver autant de bonheur à y courir et à s'y précipiter, que le chien de chasse à poursuivre et à saisir le gibier. En Angleterre, on a utilisé les instincts généreux et la facilité de natation de cet animal, pour lui faire surveiller le bord des rivières. On lui apprend à tirer de l'eau les hommes et les enfants qui se

FIG. 51. — CHIEN DE TERRE-NEUVE.

noient. Dans plusieurs villes, ce chien est logé et nourri aux frais de l'État dans de jolies niches placées sous les arches des ponts. Le nombre des personnes sauvées par lui, chaque année, de la mort est, dit-on, considérable. Ne serait-il pas à désirer que l'on imitât cet exemple en France?

Le Chien du Labrador. — Paraît n'être qu'une variété plus petite du chien de Terre-Neuve. Sa taille ne dépasse guère 0^m,62 à 0^m,65 de hauteur. Sa tête est proportionnellement plus grosse que celle du Terre-Neuve, ses oreilles plus larges, son cou plus long, son corps moins trapu et son poil plus court, moins épais et moins frisé; sa queue est semblable pour la forme, mais moins touffue; ses jambes sont plus fines quoique nerveuses; en un mot, il se rapproche davantage de l'Épagneul. Son pelage est habituellement d'un noir de jais brillant, plus rarement brun foncé.

Les habitants du Labrador emploient ce chien à la chasse du renne et du phoque, mais plus souvent pour porter leur bagage ou tirer leurs traîneaux sur la neige, ce qu'ils font avec autant d'adresse et de célérité que les chiens des Esquimaux.

Le Chien des Esquimaux. — Ce chien est pour les malheureux habitants des régions glaciales un auxiliaire précieux; il leur sert à la fois de bête de somme, de bête de trait et de chien de chasse; et sans lui ces malheureux parias, séparés du monde

FIG. 52. — CHIEN DU LABRADOR.

entier par des murailles de neige et des déserts de
glace, ne pourraient exister. — Le chien des Esqui-
maux a de 0^m,55 à 0^m,58 de hauteur ; sa tête allongée,
ses oreilles droites et pointues, son aspect général
rappellent celui d'un loup ; mais son poil est long et
touffu, garni en-dessous d'une bourre laineuse ; sa
queue est longue et bien fournie, son pelage est d'un
brun foncé.

Bien que les chiens des Esquimaux soient soumis
aux plus rudes travaux et qu'ils rendent les plus
grands services à leurs maîtres, ceux-ci les traitent
cependant avec fort peu de douceur, et ne leur donnent pour prix de leurs peines que la plus maigre
pitance. Leur caractère se ressent de ces mauvais
traitements ; toujours affamés, ils sont voleurs et se
jettent sur tout ce qui peut satisfaire leur appétit; ils
sont en outre querelleurs et toujours prêts à montrer
les dents. Malgré ces défauts, ils sont précieux pour
les habitants de ces tristes contrées. Pendant la
courte durée de l'été, ils chassent le renne sauvage,
dont la chair leur sert de nourriture et dont la peau
fournit la meilleure partie de leur habillement. Dans
l'hiver, ils poursuivent le phoque ou attaquent l'ours
qui rôde le long des côtes, et ces ressources leur manqueraient sans la sagacité et le courage de leurs
chiens. C'est également avec leur aide qu'ils peuvent
parcourir rapidement des distances énormes. Ils les
attellent en plus ou moins grand nombre, suivant la
longueur et la difficulté de la route, à de petits traîneaux, qu'ils emportent sur la neige durcie ou sur la

glace avec une rapidité telle qu'ils font parfois plus de vingt lieues en un jour. Le point le plus important quand on forme un attelage est de choisir un bon chef de file, c'est-à-dire un chien intelligent et qui ait un bon nez. Il est placé à deux ou trois pieds en avant des autres, qui sont attelés deux par deux ou trois par trois, suivant leur nombre ; ce nombre varie de cinq à onze ; on compte ordinairement qu'il faut trois chiens par cent kilos. Le chef de file placé en tête de l'attelage obéit à la voix du conducteur et entraîne les autres. Celui-ci se sert du fouet le moins possible, car les coups ont plutôt pour effet de retarder la marche que de l'accélérer. Presque toujours celui qui a reçu les étrivières se venge sur les oreilles de son voisin ; celui-ci en fait autant à un autre et ainsi de suite ; de sorte qu'au bout d'un moment le désordre est dans tout l'attelage. Il suffit d'ailleurs, lorsque les chiens ralentissent le pas, de crier : « Un phoque ! un phoque ! — un ours ! — un oiseau ! » pour exciter les jambes et les hurlements de tout l'équipage. Le chien des Esquimaux n'aboie pas, il pousse seulement un long hurlement mélancolique et rauque.

A la même race se rattachent avec des nuances légères : le *chien de Sibérie* dont les oreilles arrondies ressemblent à celles d'un ours ; — le *chien du Kamtschatka* ; — le *chien du Groënland*, ordinairement gris ou blanc, couleur de ces neigeuses contrées. Ils ont les mêmes habitudes et servent aux mêmes usages que le chien des Esquimaux.

FIG. 53. — CHIEN DES ESQUIMAUX.

CHAPITRE VI.

CHIENS DE GARDE, CHIENS DE LUXE
OU D'APPARTEMENT.

Le Bulldog. — Le Dogue de forte race. — Le Dogue de Cuba. — Le Chien du mont Saint-Bernard. — Le Chien du Thibet. — Le Barbet. — Le Chien de Malte. — Le Loulou. — Le Chien-lion. — King-Charles et Blenheim. — Petits Terriers. — Le Roquet. — La Levrette.

Les chiens compris dans cette division ne sont employés que comme compagnons ou gardiens de l'homme et ne peuvent être utilisés pour la chasse, soit à cause de leur défaut d'odorat et de leur lourdeur, soit en raison de leur petitesse. Presque tous ces chiens montrent une grande disposition à aboyer contre les intrus et avertissent ainsi de leur approche. Quelques-uns, comme le Bulldog, restent à peu près silencieux ; mais leur morsure est autrement terrible que leur aboiement.

Le Bulldog. — Le Bulldog ne doit la célébrité dont il a longtemps joui qu'à son courage indomptable. Rien dans sa forme n'est fait pour captiver les regards et l'expression féroce de ses traits ne peut inspirer que la répugnance.

Le Bulldog de pure race a la tête ronde, le crâne élevé, les yeux moyens, séparés par une dépression du front, les oreilles placées haut sur la tête, à demi dressées et petites, le museau court, tronqué, le nez retroussé, des mâchoires énormes, l'inférieure dépassant la supérieure de manière à montrer les dents, celles-ci fortes et acérées, les babines pendantes. Le dos est court, bien cambré vers la queue ; les côtes bien arquées, la poitrine large et profonde, les jambes solides et musculeuses avec le pied étroit et bien fendu. Le pelage du Bulldog est ordinairement fin et serré, assez doux, de couleur blanche ou fauve, parfois noir, ou noir et blanc.

Frédéric Cuvier dit que, chez le Bulldog, le cerveau est plus petit proportionnellement que dans toute autre race de chien, et il infère de là que son intelligence est également moindre ; mais Stonehenge prétend que c'est là une erreur, et que, si l'on compare le poids du cerveau à celui du corps entier de l'animal, on trouvera qu'il est encore au-dessus de la moyenne. Suivant lui, les qualités intellectuelles du Bulldog peuvent être largement cultivées, et, par une bonne éducation, on peut le rendre doux et fidèle.

Il est certain qu'en fait de courage brutal et de ténacité indomptable, aucun animal ne peut lui être comparé ; l'on a vu des Bulldogs dressés pour le combat rester suspendus à la lèvre ou à l'oreille d'un taureau sans lâcher prise, bien qu'ils fussent éventrés et déjà agonisants. Ils attaquent toujours de front, et, lorsqu'ils ont mordu, ils ne lâchent pas pour mordre une seconde fois, mais ils tiennent les mâchoires serrées et ne quittent pas à moins que le morceau ne reste entre leurs dents ; aussi a-t-on les plus gran-

FIG. 54. — BULLDOG.

des difficultés à leur faire lâcher ce qu'ils ont une fois serré dans l'étau de leurs terribles mâchoires. Lorsqu'on tient le Bulldog enchaîné ou enfermé dans son chenil, cela nuit à son intelligence et le rend plus méchant ; il montre alors peu d'attachement, devient

féroce au point d'attaquer indifféremment ses amis et
ses ennemis, et bien des fois on l'a vu mordre les
jambes de son maître pour se venger d'un coup de
pied. Mais, il faut bien le dire, peut-être ne doit-il de
conserver ce caractère brutal et féroce, qui paraît être
dans sa nature, que parce qu'il y est entretenu et
excité par les hommes brutaux auxquels il est le plus
souvent associé. Il y a trente-cinq à quarante ans,
nous avions emprunté aux Anglais le goût déplorable
des combats de chiens, et il existait même à l'une
des barrières de Paris un établissement spécialement
affecté à ce genre de spectacle, d'où lui avait été
donné le nom de *Barrière du combat*. Tous les bou-
chers et autres amateurs de ces jeux sanglants possédaient des Bulldogs, dont ils développaient le plus
possible les instincts batailleurs, pour les produire
avec honneur au champ clos, et il en résultait une
race de bêtes féroces qui ne se plaisaient qu'à mordre
et à se vautrer dans le sang. Ces jeux barbares sont
aujourd'hui prohibés, et, par suite, la race du Bulldog est devenue assez rare en France. En Angleterre,
ce chien jouit toujours d'une grande faveur. « C'est à
tort, dit Stonehenge, que l'on a représenté le Bulldog
comme stupidement féroce, et ne montrant guère
plus d'affection pour son maître que pour un étranger. Comme chien de garde, il n'a pas son égal, et
c'est sans contredit le plus courageux de tous les
chiens, si ce n'est le plus courageux de tous les animaux. Quoi qu'on en ait dit, il n'est pas querelleur de
sa nature, et je suppose que ceux qui l'ont accusé de

FIG. 55. — DOGUE DE FORTE RACE (MASTIFF).

ce défaut l'ont confondu avec le Bull-Terrier, produit de son croisement avec le Terrier. »

Le Dogue de forte race, le Dogue de Cuba. — Le Dogue de forte race nous vient d'Angleterre, où il porte le nom de *Mastiff*. Il y a été, dit-on, importé par les Romains, et pourrait bien descendre de ces fameux Molosses qui figuraient dans les combats du cirque.

Le Dogue anglais ou Mastiff est un bel animal, à la démarche noble et puissante, et qui, doué d'une force prodigieuse et d'un grand courage, n'en est pas moins très-docile et très-doux. Il semble avoir la conscience de sa force et ne répond jamais aux provocations d'un enfant ou même d'un petit chien. Le Dogue a une très-forte tête, dont le développement est dû surtout aux muscles de la mâchoire ; son museau est court et large, avec les babines pendantes ; ses oreilles sont petites et tombantes, mais écartées de la tête ; son œil est petit, mais doux. Le rein est compact et puissant, les membres longs et fortement musclés, la queue mince, légèrement recourbée à l'extrémité. Sa voix est profonde et sonore ; son pelage est ras et serré, lisse, habituellement d'un fauve rougeâtre avec le museau noir, quelquefois taché ou zébré de noir, avec une raie noire le long du dos. Sa taille est de $0^m,70$ à $0^m,80$, mesurée à l'épaule.

Le Dogue anglais est un excellent chien de garde ; son attachement et son dévouement pour son maître sont extrêmes, et, en Angleterre, les gardes-chasse s'en font souvent accompagner dans leurs tournées de nuit.

FIG. 56. — DOGUE DE CUBA.

Le Dogue espagnol ressemble au Mastiff; mais sa tête est plus grosse et son pelage de couleur plus claire, fauve pâle. Son caractère est moins doux, sans doute à cause de l'éducation qu'on lui donne, étant fréquemment employé dans les combats de taureaux ou pour chasser le sanglier. Du croisement de ce chien avec le Limier sont sortis ces terribles dogues toujours altérés de sang, introduits d'abord par les Espagnols en Amérique comme auxiliaires dans leurs combats contre les Indiens, et, plus tard, dans les pays à esclaves pour donner la chasse aux nègres marrons. Le *Dogue de Cuba*, que nous figurons ici, est un de ces métis. Il a des formes un peu plus lourdes, la tête plus allongée, la queue plus grosse que le Dogue ordinaire.

Le Dogue du Thibet. — C'est le plus grand et le plus robuste de tous les chiens. Il ressemble par ses traits généraux au Dogue anglais, mais il est plus haut de taille, plus fort, plus trapu. Son museau est plus allongé, ses babines très-pendantes; ses yeux petits et enfoncés, toujours sanguinolents. Son pelage est long, un peu rude, d'un noir profond; les cuisses et surtout la queue sont garnies d'un poil très-long et soyeux. La queue est portée très-haut et se recourbe sur le dos en formant un beau panache.

Ce chien est originaire des montagnes de l'Himalaya, où il existe encore parmi les peuplades des hauts plateaux. Lorsque les hommes descendent à certaines saisons de leurs montagnes pour se livrer au

FIG. 57. — DOGUE DU THIBET

commerce. les femmes restent chez elles gardées par les chiens. Le voyageur Marco Polo nous dit que quelques-uns sont gros comme des ânes. Quelques voyageurs ont ensuite démenti cette assertion, qui se trouve aujourd'hui pleinement confirmée par d'autres voyageurs plus modernes. On voit ce chien représenté avec ces proportions sur un des bas-reliefs de Ninive, que possède le musée britannique, et Buffon rapporte en avoir vu un qui lui parut avoir, tout assis, 5 pieds de haut.

C'est probablement cette race qui, transportée en Macédoine et en Épire par Alexandre, devint célèbre sous le nom de *Molosse* chez les Grecs et les Romains, qui les faisaient combattre dans le cirque contre des bêtes féroces.

Le chien du mont Saint-Bernard. — Qui ne connaît — au moins de réputation — ces admirables chiens du mont Saint-Bernard, qui partagent avec les dignes moines de cet ordre les périls et les souffrances de leur pieuse mission?

Placé au sommet des Alpes, au milieu d'une des routes les plus dangereuses de ces montagnes couvertes de neige, à 2,200 mètres d'altitude, le couvent du Saint-Bernard est le point habité le plus élevé de l'Europe. Dix à douze moines seulement habitent ses murs. Alors que sévit la tempête et que tourbillonnent les rafales de neige, ils sortent accompagnés de leurs chiens et parcourent les flancs de la montagne, à la recherche des voyageurs égarés. Ils les recueillent.

G. 58. — CHIEN DU MONT SAINT-BERNARD.

leur prodiguent tous les secours possibles et les arrachent souvent à la mort. Rien n'égale le désintéressement et le pieux dévouement de ces saints hommes; rien n'égale l'intelligence et le courage de ces chiens. Leur flair infaillible les avertit de la présence de l'homme enseveli sous la neige; ils la creusent et l'écartent avec leurs pattes puissantes en poussant de longs aboiements pour avertir les bons pères. Ceux-ci accourent et s'efforcent de rappeler le malheureux voyageur à la vie.

Le chien du Saint-Bernard est allié aux dogues; mais il se rapproche par sa nature et son caractère du chien de Terre-Neuve. Sa taille varie de 0^m,70 à 0^m,80 de hauteur, mesurée à l'épaule. Ceux que l'on voit au couvent du Saint-Bernard, et que l'on peut considérer comme étant de pure race, sont de couleur fauve avec du blanc sur la poitrine, le col, les jambes, le ventre et le bout de la queue. Une raie blanche s'étend sur la face, du museau à l'occiput, et les moines la considèrent comme une marque de pureté de race. Leurs formes sont trapues; leur tête large; leur museau carré; leurs oreilles courtes et tombantes. Un pelage épais et serré était essentiel à des êtres vivant continuellement au milieu des neiges; mais en dépit de l'épaisse fourrure doublée en dessous d'une bourre laineuse que leur a donnée la nature, et malgré les soins affectueux que leur prodiguent les moines, ces braves chiens tombent généralement victimes de rhumatismes et dépassent rarement la dixième année. Le vieux Barry, l'un des plus renommés de ces admi-

FIG. 59. — BARBET OU CANICHE.

rables chiens, sauva à lui seul quarante-deux personnes de la mort et tomba victime de son dévouement, tué par un voyageur qui, dans l'obscurité, le prit pour un loup.

Le Barbet ou Caniche. — Ce chien est connu en France depuis les temps les plus reculés, comme un des plus intelligents, des plus dociles et des plus fidèles. Avec de la patience, de la douceur et une juste récompense de ses efforts, on en obtient ce que l'on veut, et l'on voit souvent ces chiens dans les cirques et les théâtres forains exécuter des tours d'adresse merveilleux et pour lesquels il semble qu'une certaine dose de raisonnement soit nécessaire.

Le Barbet a le nez assez fin; il aime l'eau et nage avec beaucoup de facilité; aussi l'employait-on autrefois pour la chasse au marais, surtout pour celle du canard, d'où son nom de *Caniche*. Mais c'est plutôt comme compagnon et ami de l'homme qu'il est généralement adopté.

Le Barbet est caractérisé par sa large tête à front élevé, ses longues oreilles tombantes bien fournies d'un poil épais et frisé, ses petits yeux très-vifs, son museau carré garni de fortes moustaches et son air de dignité calme, qu'il n'abandonne que lorsqu'on l'excite à jouer. Son corps offre les proportions de celui du Pointer, mais il est revêtu d'une épaisse toison d'un poil long et frisé qui pend en tire-bouchons sur la partie inférieure du corps. La queue n'est pas très-longue, mais bien garnie d'un poil frisé en petites boucles; les jambes sont fines et complétement couvertes de petites frisures de poils; les pieds petits et ronds sont médiocrement poilus. La couleur habituelle du Barbet est le blanc; mais on en voit de noirs et blancs et de tout noirs; cette dernière couleur est beaucoup plus rare. Sa taille est de 0^m,40 à 0^m,50.

Nous représentons ici le Barbet revêtu de son pelage naturel; mais généralement on a l'habitude de lui raser la partie inférieure du corps, de manière à lui donner l'apparence d'un lion; souvent on lui laisse des chevrons de poils sur les cuissons et une grosse touffe au bout de la queue.

Le chien de Malte ou de la Havane. — Ce joli petit chien est un Terrier Skye en miniature, mais son pelage est beaucoup plus soyeux, son dos plus court et sa queue relevée et retombant sur la hanche. Lorsque ce petit chien est de race pure, son poids ne doit pas dépasser cinq à six livres. Il a la tête du Skye, les oreilles courtes; mais son poil est plus long, plus soyeux, plus brillant et légèrement ondulé. Son pelage est d'un blanc pur, parfois taché de fauve sur les oreilles et sur les pattes; les jambes sont courtes, largement frangées de poils; les yeux et le nez sont noirs. Le poil de ce petit animal est tellement long, soyeux et bouffant, qu'on ne peut distinguer ses formes et qu'il figure assez bien une boule de coton.

Malgré le nom qu'il porte, ce chien n'est originaire ni de Malte ni de la Havane; il paraît venir de l'archipel Indien, d'où il aurait passé en Grèce, puis en

Italie. Nous savons d'après Strabon et d'autres autorités qu'il était le favori des dames grecques et romaines, qui en avaient le plus grand soin et le portaient partout avec elles, comme font nos élégantes

FIG. 60. — CHIEN DE MALTE.

modernes. C'est ce chien dont parle Buffon sous le nom de *Bichon*.

Le chien-lion. — Ce petit chien d'appartement paraît provenir du croisement du Barbet avec le chien de Malte; il est frisé comme le premier, mais n'a pas ses longues oreilles ni son museau carré. Ce chien,

FIG. 61. — CHIEN LOULOU

10

que l'on avait l'habitude de raser à mi-corps comme
le Caniche, pour lui donner l'aspect d'un petit lion,
est aujourd'hui presque disparu.

Le Loulou. — Cette variété de chien, que plusieurs
auteurs ont décrite sous le nom de *chien de Poméranie,* est fort commune en France, où elle est habituellement le compagnon favori des cochers, conducteurs et
camionneurs. Ce chien garde les voitures et les mar-
chandises et en défend l'approche en aboyant avec
fureur. On lui donne aussi parfois le nom de *chien
renard,* que justifie sa tête à museau pointu et à
oreilles droites et pointues. Son cou est large, couvert
d'un poil épais et laineux; le corps est également
recouvert d'un long poil laineux et droit, jamais frisé;
ses pieds sont peu garnis de poil; sa queue courte est
bien fournie et recourbée sur le dos. La couleur habituelle de son pelage est le blanc pur; mais on en voit
de café au lait clair, de bruns et même de noirs; les
yeux et le nez sont noirs. Ce chien est très-vif, toujours sautillant et jappant, fort attaché à son maître;
mais ce sont là ses seules qualités; son intelligence
paraît médiocre, et il est difficile de lui apprendre
quoi que ce soit.

Le King Charles et le Blenheim. — Ce sont deux
petits Épagneuls de salon; le premier un peu plus
grand que l'autre. Le King Charles est en outre de
couleur noire, marqué de feu, plus ou moins mêlé de
blanc; ses oreilles sont plus longues. Le Blenheim est

FIG. 62. — KING CHARLES ET BLENHEIM.

plus délicat de formes et son pelage est toujours blanc taché de rouge ou de jaune. Ces deux jolis petits chiens ont le nez assez fin et chasseraient bien, s'ils ne se fatiguaient trop vite pour être employés à cet usage; aussi ne les possède-t-on que comme chiens de garde, qui, par leurs aboiements répétés, avertissent de l'approche des étrangers et peuvent difficilement être réduits au silence, leur petite taille leur permettant de se réfugier sous les meubles, d'où ils redoublent leurs jappements aigus. L'inconvénient qu'offrent ces jolies petites bêtes, c'est qu'elles suivent mal au dehors et qu'étant toujours disposées à recevoir les caresses des étrangers, elles peuvent facilement être dérobées. Beaucoup de gens leur préfèrent à cause de cela le petit Terrier ou le Skye.

Le King Charles, dont le nom vient de l'infortuné roi Charles Ier d'Angleterre, à cause de son goût bien prononcé pour cette race, a toujours été depuis en faveur dans les salons aristocratiques. Suivant Idstone, ce chien descendrait d'une race japonaise importée par le voyageur Robert Fortune. La race que possédait Charles Ier était blanche et orange, devenue la plus rare aujourd'hui. Le King Charles a la tête ronde comme un boulet, le front tombant à angle droit sur le museau; celui-ci très-court, légèrement retroussé; le nez et le palais noirs, les yeux très-grands et proéminents, enclins à pleurer; les oreilles très-longues, bien garnies d'un poil soyeux et tombant le long des joues. Le corps est couvert d'un long poil soyeux et ondulé, mais sans frisure, et les jambes sont bien garnies de poil jusqu'aux pieds. La queue forme le panache, mais n'est pas touffue ; on la rogne habituellement. Le pelage du King Charles doit être d'un beau noir marqué de feu, sans un poil blanc ; on en voit cependant parfois tachés de cette dernière couleur et dont les formes sont parfaites ; mais aux yeux des amateurs c'est un défaut, et moins il y en a mieux cela vaut. Son poids ne doit pas dépasser six ou sept livres, et il a d'autant plus de valeur que son poids est moindre.

Les caractères du Blenheim diffèrent très-peu de ceux du King Charles, sauf la robe, qui est toujours chez lui à fond blanc marqué de taches rouges ou blondes. La tête et les oreilles sont généralement colorées, à l'exception du nez et d'une tache blanche en losange bien marquée entre les yeux ; cette dernière tache est un signe de race. Le Blenheim est généralement plus petit que le King Charles. Le croisement des deux races a d'ailleurs tellement confondu leurs caractères, que l'on voit des portées présenter indistinctement les trois couleurs, noir et fauve, noir, blanc et fauve, fauve et blanc.

Le Carlin ou Mopse. — Ce petit chien qui jouit en Angleterre, sous le nom de *Pug,* d'une faveur telle que son prix atteint jusqu'à 35 et 40 guinées, est devenu fort rare en France, où il faisait autrefois les délices des douairières du noble faubourg, sous le nom de *Carlin.*

Ce chien représente un Bulldog en miniature ; il a

une apparence lourde et trapue, les pattes courtes et le corps bas. Il pèse de six à dix livres. Sa couleur est fauve, avec le masque noir jusqu'aux yeux, rappelant le masque que portait l'arlequin de la comédie italienne, *Carlino*, d'où lui est venu le nom de Carlin. Plus le fauve est clair et le noir du masque distinctement marqué, plus il est estimé; il a généralement le long du dos une ligne un peu plus foncée. Le poil est court, épais et doux au toucher. La tête est ronde, le front élevé, le nez très-court, le museau élargi en mufle. A l'état de nature, les oreilles sont courtes et tombantes; mais on les coupe toujours presque au ras de la tête. Le cou est court et fort, la poitrine large et profonde; la queue courte et recourbée sur le dos en trompette; les pattes courtes, mais sèches et bien musclées. Sa hauteur est de $0^m,30$ à $0^m,35$. N'en déplaise à ses admirateurs, — tous les goûts étant dans la nature, — nous trouvons le Carlin un animal fort laid, peu intelligent, hargneux au possible et du dernier désagréable pour tout autre que pour sa maîtresse, qui, souvent, à force de friandises et de nourriture succulente finit par le rendre poussif et hideux d'embonpoint. Le Carlin, comme tous les chiens d'appartement que l'on tient le plus souvent en chartre privée, est très-enclin à contracter cette horrible maladie que l'on appelle la rage.

Le Roquet. — De formes plus déliées que le Carlin, le Roquet a la tête ronde, le front bombé mais plus étroit, le museau court et pointu; ses yeux sont

FIG. 63. — CARLIN.

très-gros et ronds, à fleur de tête; ses oreilles petites, à demi pendantes; sa queue redressée sur le dos; ses jambes sont petites et fines. Son pelage est ras, le plus souvent d'un noir lustré, marqué de feu au-dessus des yeux et sur les pattes. C'est un petit chien très-vif, courageux, assez attaché à son maître; mais hargneux et criard au possible.

Petits Lévriers. — Nous avons décrit le Lévrier italien ou Levrette (page 40), qui est un des chiens de luxe les plus charmants et les plus réellement élégants.

Le *Lévrier de Syrie* est une petite race très-délicate, qui a beaucoup de rapports avec la Levrette. Son pelage est généralement couleur de café au lait clair ou gris de fer.

Le Chien Turc. — Ce chien, que ses formes grêles rapprochent de la Levrette, se distingue de tous les autres chiens par sa peau presque entièrement dépourvue de poil, couleur de chair, avec ou sans taches brunes, quelquefois noire. Il a le front très-saillant; le museau pointu comme celui du roquet, mais plus long; les oreilles assez longues, très-peu pendantes, presque horizontales; les membres grêles; sa queue est relevée et recourbée et sa taille ne dépasse pas celle du Carlin.

Ce chien n'est nullement originaire de Turquie, comme semblerait l'indiquer son nom, pas plus que de la côte de Guinée, comme l'ont avancé quelques auteurs, mais bien de l'Amérique du Sud. Christophe Colomb le trouva dans les îles Lucayes, lors de la découverte en 1482, et plus tard dans l'île de Cuba, où les habitants l'élevaient pour le manger.

Les Français qui abordèrent les premiers à la Martinique et à la Guadeloupe en 1635, l'y rencontrèrent également. Il est aujourd'hui très-répandu au Pérou. Ce chien est généralement d'un caractère triste, peu intelligent et peu attaché ; il est frileux à l'excès, toujours grelotant. En vieillissant, sa peau se ride, surtout sur la face et le grime d'une façon fort désagréable.

On en connaît une variété un peu plus grande, le *Chien turc à crinière,* qui porte sur la nuque et le long du dos quelques poils rudes et noirs et un pinceau de ces mêmes poils au bout de la queue.

CHAPITRE VII.

RACES CROISÉES.

Croisements; métis. — Retrievers. — Bull-terrier. — Croisement
du chien et du loup, du chien et du chacal. — Croisement du
chien et du renard.

Bien que plusieurs des races que nous avons décrites dans les chapitres précédents ne soient probablement que le produit de croisements entre des
variétés distinctes, cependant, ces races se perpétuent
de nos jours par l'union d'un mâle et d'une femelle
de même sorte; tandis que pour obtenir celles que
nous allons examiner ici, il est constamment nécessaire
d'avoir recours aux races originales.

Plusieurs sous-races de Lévriers, par exemple, sont
bien connues pour descendre de l'union de deux chiens
renommés chacun dans leur propre race. Ces chiens,
cependant, ne sont pas regardés comme métis, mais
leur race est, au contraire, estimée davantage que la
descendance pure de chacun de leurs progéniteurs.

Le terme de *métis* peut être plus proprement appliqué à ces produits hybrides résultant du hasard ou de
la négligence, la chienne choisissant elle-même son
mâle, guidée par son seul caprice, sans se préoccuper
de la convenance de l'union par rapport à la progé-

niture qui doit en être le fruit. De là ces monstruosités canines que l'on rencontre dans les rues et dans les campagnes, et dont les plus experts dans la connaissance des chiens ne pourraient souvent dire à quel degré elles sont alliées aux variétés reconnues. Ces chiens des rues varient de mille manières, en grandeur, en forme, en couleur. Très-souvent la femelle met bas à la fois des petits de races différentes de la sienne et qui n'appartiennent pas même entre eux à la même variété, quoique tous enfants du même père. Malgré cela on trouve parfois parmi ces bâtards d'excellents chiens, susceptibles de recevoir une bonne édu cation et capables de rendre de très-grands services.

Le Retriever. — Nous avons parlé au chapitre des Épagneuls du Retriever ordinaire, provenant du croisement de l'Épagneul (Setter) avec le chien de Terre-Neuve, et particulièrement dressé, comme nous l'avons dit à rapporter le gibier tombé ou blessé.

On emploie également comme Retrievers le produit de l'union du Terrier avec l'Épagneul d'eau, et celui du Terrier avec le chien d'arrêt. Le premier rappelle par ses formes générales l'Épagneul d'eau ; le second joint au pelage rude du Terrier d'Écosse la tête et les formes du Pointer, mais il est plus petit. Ces chiens ne rapportent pas aussi bien que le Retriever ordinaire ; mais sous tous les autres rapports ils lui sont égaux sinon supérieurs, et ils ont sur lui l'avantage de leur petite taille, qui les rend plus faciles à transporter et moins coûteux à nourrir.

Le Bull-Terrier. — On croise habituellement les Terriers avec le Bulldog, afin de leur donner le courage nécessaire pour supporter les morsures des rats qu'ils sont destinés à combattre. Lorsqu'il a du sang de Bulldog, le Terrier devient tellement courageux et endurant, qu'il ne donne pas signe de douleur même lorsque plusieurs rats sont pendus à ses lèvres, qui sont cependant la partie la plus sensible du corps, et qu'il n'en devient que plus acharné à leur poursuite, tandis que même la morsure d'une souris fera hurler de douleur et reculer tout autre chien. La sous-race du-Bull-Terrier est donc sous ce rapport supérieure à la race pure. Cependant, pour posséder des qualités supérieures, le chien doit être plus qu'à demi Terrier, c'est-à-dire n'avoir qu'un tiers ou un quart de sang de Bulldog, sans quoi il est trop lourd et trop lent et a la mâchoire inférieure trop développée pour pouvoir bien saisir avec ses dents.

Nous donnons ci-après le portrait d'un Bull-Terrier quart de sang, qui, à la beauté des proportions, joignait toutes les qualités requises : courage, force, agilité, ténacité. Ce chien tuait cent rats en dix minutes. Il avait la tête pleine et les mâchoires fortes, mais bien formées et non relevées comme celles du Bulldog; sa poitrine était bien développée, ses épaules puissantes, ses jambes droites et bien musclées, non arquées comme celles du Bulldog. Il avait le cou léger, le rein solide, la queue mince et fine. Sa taille était de $0^m,40$ mesurée à l'épaule; son pelage court et épais, doux au toucher, d'un blanc pur. La couleur du Bull-Ter-

FIG. 64. — RETRIEVER A POIL ONDULÉ.

rier varie beaucoup ; on en voit de fauve clair, de blanc et noir, de noir et fauve, et même de gris ardoise.

Croisement du chien et du loup ; du chien et du chacal. — On sait aujourd'hui, à n'en pas douter, que le chien produit avec le loup, et les expériences célèbres de Buffon ont été depuis corroborées par de nombreux exemples. — Il est généralement admis, en histoire naturelle, que tous les individus d'une même espèce peuvent s'unir, et que leur union est d'une fécondité continue, et que toutes les espèces d'un même genre peuvent s'unir aussi, mais que leur union, lorsqu'elle est productive, n'est que d'une fécondité bornée. Le chien s'accouple avec la louve, le loup avec la chienne, et les individus qui résultent de cette union produisent à leur tour des individus féconds. Le loup et le chien ne sont donc que des variétés de la même espèce.

Le chien et le chacal produisent aussi quand on les unit ensemble ; on a obtenu plusieurs fois des produits de ce croisement. Un chacal accouplé avec une chienne dans la Ménagerie de Paris a donné trois petits. L'un d'eux avait le pelage gris fauve du père ; le pelage des deux autres était un peu plus noir ; la mère était noire. Ces trois métis, élevés au milieu de petits chiens de leur âge, en différaient d'abord par des allures brusques, farouches ; ils s'en distinguaient en outre par l'existence des deux sortes de poils propres à tous les animaux sauvages, le poil soyeux et le poil

FIG. 65. — BULL-TERRIER QUART DE SANG.

laineux en dessous; les petits chiens n'ont qu'une espèce de poil, le poil soyeux. L'accouplement, la gestation et toutes les circonstances du développement des petits chez le chacal ne diffèrent en rien de ceux du chien.

Le chacal s'accouple avec le chien et produit des métis féconds dont on a suivi pendant plusieurs générations la reproduction collatérale. Au bout de quelques générations, les petits perdent l'odeur caractéristique qui distingue le chacal. Celui-ci ne serait donc comme le loup qu'une simple variété de l'espèce du Chien.

Croisement du chien et du renard. — Le renard est d'une espèce parfaitement distincte de celle du chien : ces animaux ont des caractères bien tranchés. Le chien a la pupille ronde, il a des habitudes diurnes ; le renard a la pupille allongée; comme le chat, il y voit mieux la nuit que le jour. Buffon et, après lui, Fréd. Cuvier et Flourens ont affirmé que le chien et le renard ne s'unissaient point et ne pouvaient produire ensemble. C'est là une erreur. On a obtenu l'accouplement de ces deux espèces et leur union a même été féconde; mais cette fécondité est limitée et donne naissance à des mulets qui, dès la seconde ou la troisième génération, cessent d'être féconds.

Nous rapporterons ici les faits cités par Stonehenge dans son ouvrage sur les chiens. « En 1853, un gentilhomme de Kent obtint d'un chien Terrier et d'une

FIG. 66. — MÉTIS FEMELLE DE CHIEN ET DE RENARD.

11

renarde une portée dont il put élever plusieurs petits. L'année suivante, un de ces mulets, chien-renard ou *vulpo-canide* femelle, fut accouplé avec un chien Terrier et mit bas au mois de février une seconde génération de mulets composée de deux petits chiens-renards et de trois femelles. Deux de ces petits avaient l'aspect et la nature défiante et sauvage du renard; mais les trois autres, qui avaient l'apparence et la couleur de leur père, étaient parfaitement doux, tranquilles, et suivaient bien..Ces produits avaient encore le vrai museau du renard et sa tournure. — En 1855 et 1856, cette femelle vulpo-canide fut accouplée de nouveau avec un beau Terrier blanc et donna deux portées de petits ressemblant à leur père, mais avec la tête, les oreilles, les pieds du renard et surtout son allure timide et défiante. Leur pelage était blanc taché de noir, avec les oreilles marquées de cette couleur.

La femelle vulpo-canide représentée en tête de cet article a l'attitude couchante du renard et les habitudes sauvages de cet animal. A l'âge de six à huit mois, elle soufflait et crachait comme un petit chat; mais elle a depuis perdu cette habitude. Lorsqu'on la laisse en liberté, elle disparaît souvent pendant un jour ou deux dans les fourrés du voisinage, jusqu'à ce que la faim la rappelle au logis. Cette femelle a produit des petits avec un chien Terrier; mais il aurait fallu l'accoupler avec un individu mâle de sa propre lignée pour s'assurer que les produits du chien et du renard se reproduisent entre eux: car c'est là seulement ce qui prouverait que le renard et le chien appartiennent à la même espèce. L'expérience a-t-elle été tentée? C'est ce que l'on ne dit pas; mais dans ce cas, c'est qu'elle n'aurait produit aucun résultat.

LIVRE II

REPRODUCTION, CROISEMENT, ÉLEVAGE
ET DRESSAGE DU CHIEN

CHAPITRE PREMIER.

Principes généraux de la reproduction. — Croisements. — Age le
plus convenable pour la reproduction. — Époque de l'année
la plus favorable. — Durée de la chaleur. — Soins à donner à
la lice. — Parturition de la chienne. — Préparatifs pour la mise
bas. — Destruction ou choix des petits à la naissance.

Principes généraux de la reproduction. — Les
principes sur lesquels on doit se guider pour la reproduction du chien sont les mêmes que ceux qui régis-
sent la matière pour les autres animaux domestiques
de la classe des mammifères, en se rappelant toujours
qu'il ne faut pas arguer des faits propres à une classe
d'animaux comme applicables à une autre, parce que
leurs habitudes et leur mode de propagation varient

considérablement. Ainsi, par exemple, le pigeon, comme tous les oiseaux, n'élève pas ses petits avec le produit de son propre corps, comme le font les animaux de la classe des mammifères ; la mère n'a pas une part beaucoup plus grande dans l'éducation des petits que le père, comme c'est le cas dans la chienne, la jument, la vache, chez lesquelles il faut faire entrer en ligne de compte la quantité et la qualité du lait. De là résulte que, dans le choix du mâle et de la femelle en vue de la reproduction des chiens, celui de la chienne est le plus important, parce que l'on est fondé à croire qu'elle exerce sur sa progéniture une plus grande influence que le mâle, et lui transmet plus de sa propre nature. C'est là cependant une question controversée en histoire naturelle ; mais Stonehenge et d'autres praticiens affirment la vérité de ce principe. On a des exemples de chevaux et de chiens qui ont donné d'excellents produits avec toutes sortes de juments et de chiennes ; mais à côté de ces exemples, on en peut citer un bien plus grand nombre où les étalons, doués eux-mêmes d'excellentes qualités, n'ont donné que des produits médiocres. Tandis que des juments et des lices ont donné, chaque année de leur existence de reproducteurs, un ou plusieurs magnifiques spécimens de leur propre race, indépendamment du cheval ou du chien avec lequel elles s'étaient unies.

On suppose généralement que le mâle imprime sa forme extérieure à sa lignée, tandis que la femelle lui transmet son tempérament nerveux ; et très-probablement il y a du vrai dans cette hypothèse. Néanmoins, il n'en est pas moins avéré que non-seulement le père et la mère influent sur leur progéniture, mais encore le grand-père et la grand'mère des deux côtés, et même en remontant jusqu'à la sixième ou peut-être même à la septième génération, et plus spécialement du côté de la femelle.

Mais, demandera-t-on, quels sont ces principes d'après lesquels on doit se guider pour la reproduction? Bien que sur beaucoup de points de détail on ne puisse répondre avec certitude, il existe néanmoins certaines données expérimentales qui nous sont très-utiles et nous les indiquerons ici en ayant soin de laisser de côté toute règle non clairement établie par l'assentiment général.

1. — Le mâle et la femelle fournissent chacun leur contingent au germe originel du produit; mais la femelle, en plus, le nourrit et le développe jusqu'au moment de sa naissance, et conséquemment l'on peut supposer qu'elle exerce sur lui une plus grande influence que le mâle.

2. — La conformation naturelle est transmise par les deux parents, ainsi que toute variation acquise ou accidentelle. On peut donc dire que des deux côtés le semblable produit le semblable.

3. — Les caractères des parents sont transmis au produit en proportion de la pureté de la race. Ainsi un Lévrier femelle de pur sang unie avec un chien bâtard produira des petits qui lui ressembleront plus par les formes qu'à leur père.

4. — L'union entre consanguins n'est pas nuisible au chien, lorsqu'elle est modérément employée; elle paraît même en certaines circonstances être très-avantageuse.

5. — Comme tout chien est en réalité un animal composé, formé d'éléments émanés du mâle et de la femelle et même des parents de ceux-ci, il est impossible, — à moins d'une suite d'unions entre consanguins, — de prévoir avec quelque certitude quel sera le résultat.

6. — La première imprégnation paraît avoir une certaine influence sur les suivantes; il est, par conséquent, important de veiller à ce que l'effet du croisement en question ne soit pas neutralisé par une précédente et mauvaise imprégnation. Ce fait a d'ailleurs été si complétement établi, qu'il est inutile d'en citer les preuves.

Ces règles générales sur la reproduction doivent guider dans le choix du chien et de la chienne dont on veut obtenir lignée, en ayant toujours soin que tous deux soient, autant que possible, remarquables non-seulement par la beauté des formes du corps, mais encore par les qualités que l'on désire trouver en eux. Ainsi, dans l'accouplement du chien d'arrêt, par exemple, il faudra choisir un couple de bonne mine, mais s'attacher surtout à ce qu'ils se conduisent bien sur le terrain, qu'ils aient un bon nez, soient vigoureux et bien dressés ; car ils transmettront à leurs descendants, non-seulement leurs perfections corporelles, mais aussi leurs qualités natives et acquises.

Pour assurer de semblables résultats, les généalogies du chien et de la lice devront être minutieusement examinées par des personnes compétentes, afin de s'assurer que leurs ancêtres, aussi loin qu'on pourra les reconnaître, possédaient eux-mêmes ces qualités; sans quoi, selon toute probabilité, leurs descendants ne les conserveraient pas; et l'on devra toujours choisir de préférence, pour la reproduction, les descendants d'un couple renommé pour ses qualités, plutôt que des individus sans généalogie, alors même que ces derniers seraient supérieurs aux autres par la beauté des formes. Chaque jour on reconnaît davantage l'importance des ascendants sur la race, et les éleveurs refusent généralement aujourd'hui comme reproducteurs tout chien ou lice qui ne présente pas une généalogie d'ancêtres ayant appartenu à des personnes connues elles-mêmes pour le soin qu'elles apportent dans leurs sélections. Dans le plus grand nombre des cas, là se bornent les précautions, spécialement pour les chiens de chasse; mais, lorsqu'il s'agit de races très-estimées parmi les Lévriers, les King Charles, les chiens de Malte, etc., on pousse encore plus loin l'investigation, et l'on examine avec soin les généalogies de plusieurs races renommées pour les comparer entre elles. On doit apporter cette attention scrupuleuse pour toutes les variétés de chiens dont la reproduction est de quelque importance, et, sans elle, on ne peut être sûr d'obtenir les formes ou les qualités particulières que l'on désire, et l'on se prépare de constantes déceptions.

Croisement. — Races croisées. — On appelle *croisement* l'accouplement de deux individus appartenant à des espèces ou à des races différentes (voyez page 154).

Chacune des deux races que l'on croise est dite pur sang, race pure, par opposition aux produits qui résultent de leur mélange et qui reçoivent les noms de demi-sang, de tiers de sang, quart de sang, suivant le nombre de fois que les types sont entrés dans le croisement. Ainsi le produit d'un Lévrier et d'un Bulldog est un demi-sang ; le produit de celui-ci avec le Lévrier est un tiers de sang Bulldog, et ainsi de suite.

On pratique le croisement à deux points de vue différents : 1° Pour prévenir la dégénération qui peut résulter du mélange d'un même sang ou de ce que l'on appelle les unions consanguines ; et 2° en vue d'obtenir un produit particulier, au moyen du croisement d'une race qui manque d'une certaine qualité désirable, avec une autre race qui possède cette qualité en perfection ou même en excès. Le premier de ces deux cas sera mieux compris lorsque nous aurons traité de l'union entre consanguins ; mais nous pouvons dès à présent considérer le second.

Parmi es chiens comme parmi les chevaux, certaines races se distinguent par des qualités particulières, et, comme celles-ci sont plus nombreuses dans l'espèce du chien que dans celle du cheval, il y a plus d'opportunité pour obtenir des changements. Chez le cheval nous trouvons la vitesse, la force, le courage, le tempérament et la forme ; mais dans le chien nous avons à considérer en plus et au-dessus de ces qualités l'odorat et la sagacité, dont l'existence ou l'absence sont, dans certaines races, de la plus haute importance. Maintenant il arrive que certaines souches anciennes possèdent quelques-unes de ces qualités développées à un très-haut degré, tandis qu'elles sont complétement dépourvues des autres, et, par conséquent, elles peuvent seulement être adaptées à ces races dans lesquelles les qualités dont elles manquent sont en excès.

C'est par la connaissance de ces propriétés et par le parti qu'on en a su tirer, que nos races modernes ont atteint le degré de perfection qu'on leur voit aujourd'hui, en combinant soigneusement cette pratique avec le principe de la sélection, qui est le grand secret dans toutes les reproductions. C'est par ces moyens que l'on a obtenu la race du Foxhound en lui infusant la vitesse avec le sang du Lévrier, et, de la même façon, le courage du Bulldog a été ajouté à la vitesse du Lévrier pour établir la forme la plus parfaite que présente de nos jours cet animal. De même le Terrier, quoique très-ardent à la poursuite des rats, est trop poltron pour affronter leurs morsures sans reculer, mais, croisé avec le Bulldog, il donne naissance au Bull-Terrier, dont le courage est indomptable et qui, par conséquent, est beaucoup mieux approprié à cet usage.

Toute personne que l'expérience n'a pas convaincue du contraire doit naturellement supposer qu'il faut

un certain nombre de générations pour faire disparaître la lourde charpente du Bulldog, lorsqu'elle est
unie aux formes légères et élégantes du Lévrier.

FIG. 69. — HALF AND HALF.
Premier croisement, issu de Bulldog et de Lévrier.

Mais lorsqu'on suit l'expérience, on voit que dès la
troisième génération il reste très-peu de traces du
Bulldog et que dans la quatrième il n'existe plus
aucune apparence extérieure de son intervention.
Nous donnons ici les portraits dessinés avec la plus
grande fidélité, d'après des photographies prises sur

nature, des divers produits résultant de l'accouplement primitif d'un Bulldog de pure race avec un Lévrier femelle du plus beau sang.

FIG. 70. — HÉCATE.
Deuxième croisement, issu de Bulldog et de Lévrier.

Premier croisement du Bulldog. — De ce premier croisement est sorti l'animal épais et grossier que nous figurons ci-contre. Son nom *Half and Half* indique qu'il est demi-sang des deux côtés.

Ce demi-sang femelle uni à un beau Lévrier blanc de pure race a donné le second produit croisé *Hécate,* chienne blanche qui présente encore quelques légers caractères du Bulldog, mais à peine appréciables aux yeux d'un observateur ordinaire.

FIG. 71. — HÉCUBE.
Troisième croisement, issu de Bulldog et de Lévrier.

Comme on peut le voir par la figure 70, cette chienne offre encore un grand défaut de symétrie et de vraies proportions qui indique le croisement avec le Bulldog.

Hécate, second produit du croisement du Bulldog, fut livrée à un Lévrier noir de belle race, et de cette union sortit *Hécube,* chienne noire de bonne forme, et, comme nous l'avons déjà fait remarquer, à peine distincte d'un pur Lévrier.

FIG. 72. — HYSTERICS.
Quatrième croisement, issu de Bulldog et de Lévrier.

Cette chienne était très-rapide, mais peu habile au travail. On l'unit à un chien renommé, Beldamite ; cette union produisit plusieurs chiens bon coureurs et pleins de moyens, mais généralement dénués de vigueur. Nous figurons ici l'un d'eux, *Hysterics,* qui fournit en public plusieurs courses brillantes. Comme on le voit, c'est un parfait Lévrier dont les formes élégantes ne laissent rien à désirer.

Avant de recourir à aucune race particulière dans le but de corriger quelques défauts, il est nécessaire d'examiner quelles sont celles qui se font remarquer par leurs qualités spéciales. Ces qualités sont principalement la vitesse, le courage, le flair et la sagacité. La première de ces qualités, la vitesse, est tellement dominante dans le Lévrier, qu'il est inutile d'aller plus loin ; et quelle que soit l'espèce de chien chez laquelle on désire augmenter la célérité, cette race doit être immédiatement choisie. Il en est de même du courage qui est proverbial chez le Bulldog, et ce chien est fort heureusement conformé pour se mélanger avec les autres races.

En ce qui concerne l'odorat, il peut y avoir divergence d'opinions, suivant le but qu'on se propose ; mais, comme il est rare que cette qualité ait besoin d'être combinée avec la vitesse ou le courage, le contraire étant le plus habituel, il est à peine nécessaire de s'étendre sur ce sujet, et si l'on veut changer ou perfectionner le nez du Limier, du Pointer, du chien d'arrêt, de l'Épagneul ou du Terrier, il suffira de recourir aux meilleurs types de ces races.

Il faut cependant remarquer qu'il y a dans les diverses variétés de chiens de chasse une certaine manière dans l'usage du nez, qui fait que chacune d'elles a plus ou moins d'aptitude au genre de services qu'elle doit rendre. Ainsi, si le Pointer est croisé avec le Foxhound, il chasse trop bas et devient trop vif, ce qui nuit à son utilité, et l'on peut en dire autant du croisement avec le Setter et l'Épagneul. De sorte qu'il peut être établi comme règle générale, en ce qui concerne le nez, qu'il est plutôt nuisible de chercher en dehors de la propre race du chien pour le perfectionnement de cette importante qualité.

La sagacité se rencontre dans plusieurs races de chiens; mais elle n'est nulle part aussi développée que dans le Barbet, le chien de Terre-Neuve et le Terrier; peut-être parce que ces chiens sont plus fréquemment les compagnons de l'homme que les chiens de chasse qui restent enfermés dans leurs chenils. Aucun chien n'est plus éducable que le Bullterrier demi-sang, quoique le Bulldog ne le soit pas à beaucoup près autant; et comme ce dernier est presque toujours à l'attache, la raison en est suffisamment évidente. La solitude déprime plus ou moins l'intelligence chez tous les animaux et chez l'homme lui-même, et si l'on veut rendre un chien aussi sagace que possible, il faut qu'il soit constamment avec son maître.

Voilà pourquoi le chien du braconnier est toujours beaucoup plus adroit que celui du sportsman, parce qu'étant constamment le compagnon et l'ami de son maître, il comprend tout ce que lui dit celui-ci, et est toujours prêt aussi à lui communiquer ses propres idées à sa manière.

Pour nous résumer, nous dirons donc que les races suivantes peuvent être prises comme types des qualités qui prédominent dans chacune d'elles, et que l'on peut y recourir lorsque quelque autre variété en est dépourvue. Ainsi la vitesse est personnifiée dans le Lévrier, le courage dans le Bulldog, et la finesse du flair dans le Limier pour les besoins de la chasse à courre; dans le Pointer ou le chien d'arrêt, lorsqu'il doit être uni à l'arrêt; dans l'Épagneul ou le Terrier, pour trouver ou quêter le poil et la plume. Enfin, la sagacité est développée chez le Barbet, le chien de Terre-Neuve et le Terrier, principalement parce qu'ils sont les constants compagnons de l'homme.

Age le plus propre à la reproduction. — Les animaux ne sont généralement aptes à la reproduction, que lorsqu'ils ont atteint au moins la plus grande partie de leur accroissement, et lorsque leur organisme montre dans son jeu la plupart des symptômes de force et d'énergie qu'il doit acquérir un jour. Les mammifères domestiques parviennent à l'âge de propagation avant d'avoir atteint leur taille définitive; l'aptitude à la génération dépendant moins du développement de tout l'organisme que du développement convenable des organes générateurs. Cependant, l'âge le plus propre à la reproduction dans presque toutes les races de chiens est celui où le mâle et la femelle ont atteint leur entier développement. Néanmoins, lorsqu'on désire obtenir un produit de très-petite taille, on devra choisir des reproducteurs avancés en âge, et plus ils seront âgés, meilleur sera le résultat, excepté, toutefois, dans la dernière portée de la lice, car celle-ci étant souvent composée de un ou deux petits seulement, ils ne sont pas de moindre taille que d'habitude et sont même parfois plus forts.

Toutes les chiennes doivent avoir atteint leur pleine maturité avant d'être livrées à la reproduction, et cette période varie suivant la taille, les petites races étant adultes à un an, tandis que les grandes sont encore dans l'enfance à cet âge et ont besoin d'au moins deux fois ce temps pour acquérir tout leur développement. Le Dogue de forte race a à peine atteint toute sa croissance à deux ans; les grands chiens de chasse à un an et demi; les Lévriers à la même époque; les chiens d'arrêt à quinze ou dix-huit mois, tandis que les Terriers et les petits chiens d'appartement sont arrivés à maturité à un an ou même plus tôt.

On doit tout particulièrement insister sur la santé des parents et spécialement s'assurer que la femelle est d'une constitution suffisamment robuste pour supporter le développement de ses petits avant leur naissance et pour pouvoir leur fournir après assez de lait, bien que dans cette dernière circonstance elle puisse être assistée par une nourrice.

Il faut avoir soin, surtout pour la première fois, de faire couvrir la lice par un bel et bon chien; car tous les auteurs sont d'accord sur ce point, que pendant tout le cours de sa vie, elle donnera des chiens qui tiendront du premier chien qui la couvrira. La conception a souvent lieu dès le premier accouplement; mais quelquefois seulement après le deuxième; il faudra donc faire couvrir la chienne deux fois, avec un intervalle de douze heures.

Unions consanguines. — Les questions relatives à l'union entre consanguins sont de la plus haute importance, les opinions étant fort partagées sur ce point. Comme beaucoup d'autres pratiques essentiellement bonnes en elles-mêmes, celle-ci a été poussée à l'excès. Des propriétaires de bons chenils, entichés de leurs propres chiens et en tirant exclusivement leurs produits, ont fini par réduire leurs bêtes à un état d'idiotisme et de faiblesse de constitution qui les rend presque inutiles.

M. Graham, dont la longue expérience est connue pour l'élevage des Lévriers, a établi comme règle, qu'une union consanguine et deux étrangères sur trois, sont les conditions les plus favorables au maintien d'une bonne race pour les Lévriers, et il est probable que la même règle est applicable à toutes les autres races de chiens. Une chienne peut être accouplée même avec son frère, si une semblable parenté n'existait pas déjà entre leurs parents ; mais bien que cette pratique ait parfois réussi, elle n'est pas généralement à recommander. Le père peut être préférablement uni à sa fille, parce qu'il n'y a que moitié du même sang dans chacun d'eux, lorsque le père et la mère de cette dernière n'étaient pas parents, ou un oncle à sa nièce ; mais le meilleur plan est d'obtenir un chien, qui possédant une forte proportion du même sang que la chienne, en soit toutefois séparé

par un ou deux croisements; ce qui revient à dire
d'unir ensemble deux animaux dont les aïeuls ou les
bisaïeuls étaient frères, mais dont les mères et grand'-
mères n'étaient pas parentes, ou réciproquement en
changeant les sexes. L'union entre consanguins, ainsi
limitée, est fort employée depuis quelques années, et
elle a généralement donné de bons résultats. Plusieurs
Lévriers renommés comme coureurs en Angleterre,
ont une semblable origine.

Ainsi donc, en pratique, l'union entre consanguins,
dans certaines limites, non-seulement n'est pas préjudiciable, mais est au contraire avantageuse, et ni
les qualités intellectuelles ni les formes extérieures
ne souffrent de ce mode de reproduction, à moins qu'il
ne soit poussé à l'excès. On peut d'ailleurs l'admettre
aussi théoriquement, puisqu'on le rencontre fréquemment dans la nature, surtout chez les animaux sauvages qui vivent en sociétés. Le cerf ajoute ses propres
filles à son harem aussi longtemps qu'il est assez fort
pour écarter de plus jeunes rivaux. De même le taureau et l'étalon combattent pour la suprématie, jusqu'à ce que l'âge ou un accident les oblige à céder à
un plus vigoureux animal. Tel semble être le mode
employé par la nature pour assurer des races vigoureuses et prévenir la dégénération que nous voyons
se produire dans la race humaine lorsqu'un faible
couple s'impose la tâche de produire une famille.

L'homme paraît être une exception à la règle générale, car les lois divines et humaines défendent les
unions consanguines, tandis que nous les voyons con-

stamment avoir lieu chez les bêtes, et principalement comme nous l'avons fait remarquer, parmi les animaux qui vivent en société. Donc, de ce que les unions entre proches parents parmi les hommes donnent de mauvais résultats et que nous voyons les cousins au premier degré être enclins à produire des enfants débiles au physique comme au moral, nous ne devons pas conclure qu'il en doive être nécessairement de même lorsque nous accouplons des chiens ou des chevaux au même degré de parenté ou même à un degré plus rapproché. Toutefois, lorsqu'on peut obtenir le résultat que l'on désire sans avoir recours aux unions consanguines, il vaut toujours mieux les éviter, et n'employer celles-ci que dans le cas, par exemple, où l'on désire recouvrer une race particulière qui tend à disparaître, absorbée par une autre race prédominante. Dans ce cas, après avoir obtenu un individu de cette race aussi pur que possible, et l'avoir accouplé avec l'un de ses progéniteurs, on peut espérer obtenir un produit qui retourne en arrière vers la souche de ses ancêtres et leur ressemble plus qu'à tout autre.

Époque et durée de la chaleur. — Les chiens, comme tous les animaux parvenus à l'âge de propagation, ont des époques où ils sont propres à cette fonction et hors desquelles ils sont incapables de la remplir et se refusent au rapprochement des sexes. Ce sont ces époques, sujettes à des retours périodiques et réguliers, qu'on désigne sous le nom de rut.

Dans les races sauvages de l'espèce du chien, l'accouplement n'a lieu qu'une fois par an, en décembre ou janvier, époque qui permet aux petits de naître dans les circonstances les plus favorables pour eux, c'est-à-dire au printemps. Mais chez les chiens domestiques, l'influence de l'éducation et des habitudes artificielles a beaucoup altéré les phénomènes de la reproduction, et le plus grand nombre des chiennes entrent en chaleur deux fois par an à égales périodes, les unes tous les cinq ou six mois, d'autres tous les sept, huit, neuf, dix, onze ou douze mois. Il est donc nécessaire de s'assurer de l'habitude dans chaque chienne, puisqu'elle varie si considérablement, car lorsqu'on la connaît, on peut plus facilement calculer l'époque probable de son retour; cependant ce retour n'est pas absolument invariable.

La chaleur se manifeste chez les chiennes par le gonflement et l'humidité des parties de la génération; elle dure environ trois semaines, et c'est généralement pendant la seconde semaine qu'elle reçoit le chien. Pendant les trois ou quatre premiers jours de la deuxième semaine, la chienne éprouve un écoulement sanguin par la vulve, et, à ce moment, il ne faut pas la livrer au mâle; mais dès que l'écoulement diminue, il faut se hâter de la faire couvrir; car il arrive souvent que fort peu de temps après, elle refuse le chien et l'on perd souvent ainsi une année entière.

La meilleure époque de l'année pour la parturition des chiennes est d'avril à septembre, parce que, pendant l'hiver, les petits peuvent se refroidir, ce qui arrête leur développement et détermine souvent chez eux des maladies. Les chiens de chasse doivent commencer à travailler en automne, et comme ils ne sont développés qu'après l'âge d'un an, ils devront être nés au printemps. Tel est plus spécialement le cas pour les chiens d'arrêt, qui sont alors assez âgés pour que leur éducation soit à peu près complétée dans la saison de la pariade, au printemps de l'année suivante, époque à laquelle leur éducation peut être continuée sur le terrain, les oiseaux restant alors immobiles comme des pierres et permettant au chien de les approcher et au maître de contenir le chien.

Les chiens d'appartement et autres petites races peuvent être élevées à n'importe quelle époque de l'année; cependant ils sont plus robustes et mieux portants lorsqu'ils naissent pendant les mois d'été, parce qu'ils peuvent alors jouir plus largement de l'air et du soleil qu'ils ne le peuvent faire en hiver, saison pendant laquelle la chaleur factice leur est nécessaire.

Soins à donner à la chienne pendant la chaleur. — Lorsque les chiennes entrent en chaleur et ne sont pas destinées à l'accouplement, elles doivent être soigneusement mises à l'écart, c'est-à-dire hors de l'approche du chien, et, pendant ce temps, elles sont en grande partie privées de leur exercice ordinaire. Cette réclusion jointe à l'excitation générale de l'organisme et à l'état pléthorique, peut jusqu'à un certain point nuire à leur santé, et il faut alors, en raison de leur état fiévreux et de leur privation d'exercice leur donner une nourriture moins substantielle et plus rafraîchissante, jointe à l'emploi de quelques purgatifs doux. La meilleure alimentation est alors un mélange de végétaux hachés et bien délayés, avec du biscuit ou de la farine. Cependant si la chienne a été habituée à manger beaucoup de viande, il ne faudra pas l'en priver complétement. Il est entendu qu'il faut modérer son alimentation, mais non l'affamer de manière à lui nuire par un changement de nourriture trop soudain. A la fin de cette période on devra lui faire prendre un ou deux purgatifs doux (Voyez livre III, Maladies).

Il est d'ailleurs toujours nuisible pour les chiens de les empêcher de satisfaire au vœu de la nature; cette privation peut avoir de fâcheux résultats pour leur santé et même amener la rage.

Soins à donner à la chienne pendant la grossesse. — Lorsque la chienne a été couverte, il faut l'enfermer jusqu'à ce que sa chaleur soit bien passée, ce qui se verra par l'examen du bouton qui sera entièrement retiré comme avant la chaleur. Ce n'est guère qu'au bout de cinq semaines qu'on peut reconnaître d'une façon certaine si la chienne est pleine, car la grosseur des mamelles n'indique rien, attendu qu'elles enflent également aux chiennes qui n'ont pas été couvertes.

Lorsqu'il est bien avéré que la chienne est pleine, on peut lui laisser prendre de l'exercice librement jusqu'à la sixième semaine; mais à partir de ce moment, il vaut mieux la séparer des autres chiens, de crainte d'accidents, et on lui fera prendre un exercice modéré et réglé, en ayant soin d'éviter les mouvements violents soit en galopant, soit en sautant. Une lice de prix est souvent tenue en laisse pendant les deux dernières semaines; mais, d'une façon ou d'une autre, elle doit prendre de l'exercice jusqu'au dernier moment.

Pendant les dernières semaines, on devra régler sa nourriture suivant son état, c'est-à-dire la rendre plus substantielle si la chienne est faible, et l'amoindrir au contraire, si elle est trop grasse. L'état moyen est le meilleur. Un trop grand développement de la graisse chez la chienne, non-seulement nuit à la naissance des petits, mais encore à la lactation, et dans ce dernier cas il aggrave toujours la fièvre de lait. Pour apprécier cet état à l'œil et au toucher, il est nécessaire de palper les côtes : celles-ci ne doivent pas saillir au point que l'œil puisse les compter, mais la main doit pouvoir les sentir en passant doucement dessus.

Dans tous les cas, la nourriture devra être bien mouillée, plutôt claire; principalement composée de bouillon ou de lait avec du pain ou de la farine qu'on y fera bouillir.

Préparatifs pour la mise bas. — La meilleure manière de préparer la place où la chienne doit mettre bas, est de clouer un morceau de vieux tapis sur un plancher bien uni ou sur une large planche de bois, élevée de quelques pouces au-dessus du sol.

Lorsque la chienne occupe habituellement une niche en bois, elle peut continuer à y habiter et elle s'y trouvera mieux que partout ailleurs; mais il est moins facile dans ce cas de l'aborder et de la secourir s'il en est besoin, et, à ce point de vue, la niche n'est pas une bonne place. Une large planche avec les bords relevés, de façon à empêcher que les petits puissent tomber, et supportée par des briques à quelques centimètres du sol, est ce qu'il y a de mieux; et si l'on ajoute à cela un morceau de vieux tapis cloué sur la planche et un peu de paille sur le tout, ce sera le suprême confort pour la mère et les petits. L'usage du tapis est de permettre aux petits chiens de s'y cramponner au moyen de leurs griffes lorsqu'ils tettent leur mère, sans quoi ils glissent, remuent sans cesse et ne peuvent se gorger suffisamment.

Parturition. — La chienne porte neuf semaines, soixante-deux jours au moins, soixante-cinq jours au plus. La parturition s'accomplit facilement et toute seule, dans le plus grand nombre des cas; mais comme il peut se présenter cependant des accidents imprévus, il est toujours bon de surveiller la chienne pendant les derniers jours, surtout si elle est faible et délicate, et, dans ce dernier cas, outre une nourriture fortifiante, on lui donnera quelques toniques tels que des infusions de sauge, du vin chaud et sucré avec un peu de cannelle, etc., qui lui procureront des forces pour supporter le travail. Il devient parfois nécessaire de l'aider avec la main lorsque l'accouchement est laborieux, ou même d'avoir recours à un homme de l'art.

La chienne produit habituellement de six à douze petits, quelquefois moins, rarement plus. Il y a entre la sortie de chaque petit un intervalle d'un quart d'heure au plus. Aussitôt nés, son premier soin est de les lécher pour les débarrasser de la viscosité qui les couvre, et aussitôt après, les petits cherchent avidement à téter.

Pendant l'allaitement, les seuls soins à prendre pour la mère regardent la nourriture et le repos qui, autant que possible, doivent aller ensemble, parce qu'alors les chiennes sont inquiètes et soupçonneuses et détruisent parfois leurs petits si l'on y touche, surtout les étrangers. Pendant le travail de la parturition, la chienne n'a pas besoin de nourriture; mais aussitôt qu'elle sera délivrée, on lui donnera une bouillie tiède de gruau faite avec moitié lait et moitié eau, que l'on renouvellera toutes les deux ou trois heures. Pendant les premiers jours, on ne doit rien donner de froid à la mère, à moins que l'on ne soit en plein été, auquel cas ces précautions ne sont pas nécessaires, la température étant généralement de 22 à 28°. Il faut faire bouillir la farine dans le lait, et l'on peut remplacer celui-ci par du bouillon. Cette alimentation sera graduellement remplacée par un régime plus fortifiant et on pourra donner à la mère un peu plus de viande qu'elle n'en reçoit d'habitude. C'est là la meilleure règle à suivre, car les chiennes qui sont habituées à manger de la viande s'affaiblissent beaucoup si on ne leur en donne pas à ce moment où les petits, qui tirent constamment le lait, épuisent le système, et celles qui n'en reçoivent pas habituellement contractent la fièvre et la dyspepsie si on leur en donne avec excès.

Une chienne en bonne santé, et qui n'est ni affaiblie par une trop forte diète ni rendue trop grasse par une nourriture excessive, donne d'ailleurs peu d'embarras à cette époque; mais dans l'une ou dans l'autre de ces conditions, il peut arriver que la sécrétion du lait manque ou soit insuffisante. (Voyez livre III, MALADIES.)

Dès le premier jour on encouragera la chienne à quitter ses petits deux ou trois fois par jour pour satisfaire ses besoins, ce que négligent de faire certaines d'entre elles, emportées qu'elles sont par leur dévouement à leurs nouvelles fonctions. Lorsque la sécrétion du lait est bien établie, on doit, autant que possible, faire prendre régulièrement chaque jour à la mère une heure d'exercice; après la seconde semaine, elle sera toujours disposée à quitter ses petits pendant une heure ou deux et à prendre de l'exercice d'elle-même si on le lui permet.

La meilleure nourriture à donner à une lice nourricière est du bon bouillon avec une forte proportion de pain et de viande ou de pain et de lait suivant ses habitudes précédentes.

Destruction des petits à leur naissance. — Il peut être quelquefois désirable de détruire tous les petits aussitôt après leur naissance, mais cela ne doit être fait que très-rarement et lorsque des circonstances particulières y obligent. Il vaut toujours mieux laisser à la mère un ou deux petits pendant quelque temps pour lui éviter la fièvre de lait et aussi par raison d'humanité. Si cependant on se décide à les détruire tous, il faut les enlever le plus tôt possible après leur naissance en en laissant un avec la mère pour occuper son attention; de cette façon il y a moins de cruauté que si on lui laissait le temps de s'attacher à ses petits. On devra dans ce cas combattre la fièvre de lait au moyen d'une nourriture peu substantielle et d'une ou deux purgations douces. Mais c'est toujours là une mauvaise pratique et qui ne peut être justifiée que par des circonstances particulières.

CHAPITRE II.

ÉLEVAGE.

Soins à donner aux petits. — Choix des petits. — La nourrice
adoptive. — Premier âge : alimentation avant le sevrage. —
Emplacement pour l'élevage des petits. — Enlèvement des ergots,
coupe de la queue et des oreilles. — Sevrage. — Nécessité d'un
logement sec et chaud. — Alimentation. — Exercice.

Soins à donner aux petits. — Jusqu'au moment
du sevrage, l'élevage des petits ne demande ni beaucoup d'expérience ni beaucoup de soins, en dehors de
la nourriture de la mère et de la nécessité de lui retirer des petits lorsque le nombre en est trop grand
pour qu'elle puisse les élever tous ; car, pendant les
quinze premiers jours au moins, les petits chiens dépendent absolument du lait de leur nourrice, à moins
qu'ils ne soient allaités artificiellement, ce qui est
toujours une pratique fort ennuyeuse et pleine de
risques. Parfois cependant la chienne produit douze,
quatorze ou même seize petits, et comme il lui est
impossible d'allaiter convenablement une aussi nom-
breuse famille, les plus faibles meurent, ou toute la
portée souffre et reste chétive. Il vaut mieux alors,
surtout si l'éleveur désire des produits grands et vigoureux, détruire une partie de la portée lorsqu'il y a

plus de cinq ou six petits. Pour les chiens d'appartement, chez lesquels on recherche souvent une petite taille, on peut laisser à la mère tous ses petits, pourvu que la sécrétion du lait soit suffisante.

Pendant les trois ou quatre premiers jours, la chienne pourra satisfaire tous ses nourrissons; mais s'il y en a plus que la mère n'a de bons pis, c'est-à-dire produisant suffisamment de lait, les plus faibles seront affamés, à moins qu'on écarte momentanément les plus forts pour permettre aux premiers de prendre leur nourriture. Pour cela faire, on mettra dans un panier garni de laine les petits qui viennent de téter et qui s'y endormiront, et on mettra près de leur mère les autres petits, pour qu'ils puissent prendre le tétin. Toutes les deux ou trois heures on changera les petits de place, en mettant dans le panier ceux qui viennent de téter et en les remplaçant par ceux que l'on en tire. Au bout d'une dizaine de jours on pourra, en leur trempant le nez dans une jatte de lait de vache légèrement sucré, les habituer à laper eux-mêmes, et dès lors il sera facile d'en élever même une douzaine; mais quelque soin que l'on en prenne, ils ne seront jamais aussi forts que si l'on n'en laisse qu'un petit nombre sous la mère. Aussi les éleveurs du métier limitent leurs nourrissons à six ou sept au plus et détruisent le reste, ou ils le font élever par une nourrice adoptive.

Choix des petits. — Pour le choix des petits après leur naissance, chacun se guide d'après des principes différents. Quelques-uns choisissent les plus lourds; d'autres les plus allongés; ceux-ci les premiers nés; ceux-là les derniers venus; d'autres enfin se guident d'après les couleurs. Pour les chiens d'appartement et ceux chez lesquels la forme extérieure est particulièrement importante, on doit observer la coloration et le poids; car leur valeur est souvent en raison de leurs marques et de leur légèreté. De même, parmi les Pointers et les chiens couchants, on devra préférer ceux qui offrent une grande proportion de blanc, comme étant d'une plus grande utilité sur le terrain, bien que d'autres, offrant une coloration plus foncée, aient souvent des qualités supérieures. Les Lévriers et les chiens courants sont choisis pour leur forme et leurs qualités; mais bien qu'il soit difficile d'en juger dans leur bas âge, ils ont dès lors certains caractères sur lesquels on peut se baser. Celui qui aura les épaules plus saillantes que les autres, et qui, suspendu par la queue, portera ses pattes de devant en arrière derrière les oreilles, sera certainement d'une bonne forme, pourvu que ses jambes et ses pieds soient bien conformés, ce dont on peut facilement s'assurer dès ce moment. La largeur des hanches et la forme de la poitrine et du rein peuvent également être conjecturées d'avance.

On devra toujours examiner le nombril, pour s'assurer qu'il n'a pas de lésion, et cela seul est une raison pour différer le choix jusqu'à la fin de la première semaine; car avant ce temps il n'est pas possible de juger si le chien vivra. En réalité, il vaut toujours mieux les élever tous jusqu'au moment du sevrage, soit au moyen de leur mère, soit au besoin avec l'aide d'une nourrice adoptive, parce qu'alors leur forme est déjà suffisamment manifeste et que les plus robustes prendront rapidement le dessus.

La Nourrice adoptive. — Il n'est pas d'absolue nécessité que la nourrice soit de la même race que les petits qu'elle est destinée à allaiter; cependant, quelques praticiens pensent que les qualités de la nourrice peuvent à un certain point être transmises avec le lait, et que si la race était de valeur, il pourrait en résulter des inconvénients. Dans tous les cas, une chienne à pelage lisse est toujours préférable à celle dont le poil épais et rude peut être un repaire de puces, et prend plus facilement la saleté.

Pour les races de moyenne ou même de grande taille, la chienne Bull-Terrier répond mieux que toute autre au but que l'on se propose; son lait est abondant et bon et c'est elle que l'on choisit le plus habituellement comme mère adoptive. Elle doit jouir d'une santé parfaite et être surtout exempte de toute affection de la peau; car ses nourrissons en contracteraient certainement le germe avec son lait. Pour les petites races, n'importe quel petit chien d'appartement suffira, pourvu que sa peau soit saine et que sa constitution ne soit pas gâtée par la réclusion ou l'excès de nourriture.

Il est généralement admis qu'une chienne peut allaiter autant de petits de forte race (Lévriers ou

Pointers) qu'elle pèse de fois trois kilogrammes; ainsi le poids d'un Bull-Terrier moyen étant de neuf kilogrammes, elle allaitera convenablement trois petits, et un ou deux de plus s'ils sont de moins forte race.

Lorsqu'on veut faire la substitution, il faut opérer ainsi : on prend un panier chaud et l'on met au fond un peu de la litière sur laquelle la chienne et ses petits ont été couchés; on retire alors sa propre portée, et on la met, avec les petits qui doivent être allaités, dans le panier, en les mêlant bien ensemble, de manière que la peau des nouveaux venus touche celle des petits de la chienne et aussi la litière. On les laissera reposer ainsi environ trois heures, et pendant ce temps la chienne sera emmenée pour prendre un peu d'exercice. Lorsqu'elle reviendra, ses mamelles seront gonflées et distendues par le lait. Alors on mettra tous les petits dans le nid et on laissera la chienne y retourner, tout en ayant l'œil sur elle. Quatre-vingt-dix-neuf fois sur cent, la mère les laissera téter tranquillement et les léchera tous de même; dans ce cas, on peut la laisser avec eux en toute sécurité. Mais si, au contraire, elle repousse les petits étrangers, on devra la museler en laissant les petits avec elle, et ne lui ôter la muselière que pour la faire manger ou la veiller jusqu'à ce qu'elle les lèche tous également. Le lendemain on pourra enlever tous ses petits, mais en laissant un intervalle de deux heures entre chaque enlèvement, et en prenant bien soin qu'elle ne s'aperçoive pas de ce que l'on fait. Dès lors, elle agira envers ses enfants d'adoption comme s'ils étaient les siens propres. Quelques personnes tirent un peu de lait des tétines de la chienne et en barbouillent les petits chiens, mais nous n'avons jamais reconnu aucun avantage à cette pratique.

Parfois la chienne nourrice vient du dehors et est étrangère pour ceux qui l'entourent; dans ce cas, il est prudent de la museler pour la sûreté des gens qui la veillent, aussi bien que pour celle des petits; cependant, si elle se montre tranquille et d'un caractère doux, on peut s'en dispenser.

Premier âge. — Alimentation avant le sevrage. — Les petits chiens naissent aveugles; leurs yeux sont recouverts d'une membrane qui ne disparaît qu'au bout de dix jours; leur corps est gros et bouffi, et leurs jambes trop faibles ne peuvent les porter. Pendant ce temps, ils dorment sans cesse et n'interrompent leur sommeil que pour téter le lait de leur mère. Vers la fin de la seconde semaine, on peut déjà, comme nous l'avons dit, leur donner du lait de vache légèrement sucré, et, si celui-ci est très-riche, on le coupera d'abord avec un peu d'eau. On le leur donnera trois fois par jour, en leur en laissant prendre autant qu'ils voudront. Au bout de quatre semaines, on pourra leur donner une alimentation plus forte; des bouillies de farine et de lait, des soupes de bouillon et de pain. Vers deux mois, on y joindra une nourriture animale pour satisfaire leur appétit, qui est proportionné à la rapidité de leur accroissement. Pour la préparer, on fera bouillir une tête de mouton dans un bon litre d'eau, jusqu'à ce que la viande se détache toute seule ; on retirera alors avec soin les petites particules d'os, et l'on coupera la viande en tout petits fragments de la grosseur d'un gros pois, en la mêlant bien avec le bouillon ; puis on amènera le tout à la consistance d'une crème, en y faisant bouillir pendant un quart d'heure de la fine farine de froment. On laissera refroidir cette pâtée et on la donnera alternativement avec le lait ; celui-ci pourra être également épaissi avec un peu de farine.

Emplacement pour l'élevage des petits.—Lorsqu'ils seront âgés de près d'un mois et qu'ils commenceront à courir, les petits chiens devront avoir un plus large emplacement pour prendre leur ébats. On établira un plan incliné en pente douce pour leur permettre de descendre de leur couche et d'y monter facilement. Si le temps est froid, la meilleure place pour eux sera, soit une sellerie chauffée par un calorifère, soit une stalle d'écurie, dont on fermera l'entrée au moyen d'une planche haute de deux pieds, pour empêcher les petits d'en sortir et d'aller sous les pieds des chevaux. Dans les deux cas, il se produira une chaleur artificielle qui favorisera leur développement et les rendra assez forts pour supporter ensuite impunément le froid. Si le temps est doux, une écurie ordinaire sera la meilleure place à choisir, en prenant les mêmes précautions pour empêcher les petits d'aller au milieu des chevaux, et en jetant un peu de sable ou mieux de la paille sur les dalles.

Dans ces conditions, les petits prendront l'exercice nécessaire à leur santé et gagneront l'appétit, sans lequel ils n'absorberaient pas une nourriture suffisante pour favoriser leur développement.

Enlèvement des ergots. — Coupe de la queue, des oreilles, etc. — Les petits naissent fréquemment avec des *ergots,* espèce de doigts supplémentaires ou de griffes implantés à la face interne des pattes, et il est toujours prudent de les enlever de bonne heure, autrement ils deviennent incommodes pour le chien, parce que le petit ongle qui termine l'ergot blesse souvent les parties molles ou s'accroche aux objets que le chien rencontre dans sa marche.

Les opérations que l'on veut faire subir aux petits, tels que l'enlèvement des ergots et la coupe de la queue, doivent être pratiquées avant le sevrage ; mais les oreilles ne doivent pas être rognées avant le quatrième ou le cinquième mois, parce qu'avant cette époque, elles ne sont pas suffisamment développées. Si, cependant, l'opérateur n'est pas très-habitué à ce genre d'opération, il fera mieux d'attendre plus tard, parce qu'alors il pourra mieux se rendre compte de la quantité qu'il en doit enlever. Chez les chiens courants, il est d'usage de ne tailler les oreilles, pour les arrondir, que lorsqu'ils ont atteint tout leur développement, car ils perdent souvent une grande quantité de sang, ce qui les affaiblit beaucoup lorsqu'ils sont jeunes. Mais les ergots et la queue seront toujours mieux coupés et avec moins de peine lorsque les petits sont avec leur mère; en outre, la langue de celle-ci servira mieux à cicatriser la blessure que celle des petits, qui savent à peine s'en servir.

Certains éleveurs coupent la queue avec les dents; mais une paire de bons ciseaux fait beaucoup mieux l'affaire, et il en est de même des ergots. Cependant, si l'on n'enlève que l'ongle, — ce que l'on devrait toujours faire, — il vaut mieux se servir de pinces; de cette manière, le tubercule lui-même reste attaché, mais il court beaucoup moins risque d'être lésé, après avoir perdu la griffe qui peut s'accrocher aux obstacles.

L'utilité de couper la queue aux chiens a été de tout temps fort discutée. Les uns s'élèvent contre cette mutilation barbare qui, disent-ils, déshonore un chien; les autres prétendent que cette opération ne nuit en rien à la beauté de l'animal et qu'elle est très-utile à la chasse. Cette grande queue, disent-ils, qui bat perpétuellement les bruyères, les luzernes, les jeunes taillis, où se réfugie le gibier, effraie celui-ci, qui ne tient plus et part trop loin du chasseur. En outre, la queue coupée, varie ses mouvements selon le gibier et l'indique au chasseur, tandis que la queue longue n'a qu'un seul mouvement, quel que soit le gibier. A chacun donc d'agir suivant sa fantaisie. Nous devons cependant nous prononcer contre une croyance absurde, quoique fort répandue : c'est que la queue du chien renferme à son extrémité un petit ver, qui est la cause de la maladie chez les jeunes chiens; et beaucoup de personnes invoquent cette raison pour la couper.

Sevrage. — Lorsqu'on veut commencer à sevrer les petits, ce que l'on fait habituellement vers la sixième semaine, il vaut mieux les retirer tous ensemble et ne permettre à la chienne d'aller les allaiter qu'à de longs intervalles. A cette époque, leurs dents et leurs griffes sont devenues longues et aiguës, et la pauvre chienne a beaucoup à souffrir de leur approche; aussi ne les laisse-t-elle pas se gorger à leur aise. D'un autre côté, les petits ont appris à laper pendant ce temps, et ils mangeront des pâtées de bouillon ou de lait, comme nous l'avons dit plus haut, et ils s'y habitueront d'autant plus vite qu'ils trouveront moins l'occasion de téter. Mais il est plusieurs particularités importantes à observer, si l'on ne veut avoir de mauvais résultats, au moins pendant quelque temps; c'est-à-dire que les petits maigriront et cesseront de croître comme avant si on ne les entoure de soins suffisants.

Dans presque tous les cas, ce que l'on appelle la graisse de lait disparaît après le sevrage; mais encore est-il désirable de leur voir quelque chair sur les os, et, pour atteindre ce but, il faut veiller à ce qu'ils se trouvent dans des conditions favorables à leur développement. Ces conditions, applicables à toutes les races de chiens, sont : 1° un logement chaud, propre et sec; 2° une nourriture convenable et bien réglée; 3° un exercice suffisant.

Nécessité d'un logement sec et chaud. — La première condition que doit remplir le logement des jeunes chiens est d'être sec ; il doit en outre être chaud en hiver. La température de la nourrisserie ou de l'écurie, qu'elle soit naturelle ou obtenue à l'aide d'un calorifère, doit toujours être en moyenne de 16 à 18°. Mais, ce qui est encore bien plus essentiel que la chaleur, c'est la siccité. Les chiens supporteront presque toujours le froid, pourvu qu'il ne soit pas accompagné d'humidité et qu'ils aient suffisamment de paille pour se coucher dedans ; mais un chenil humide, même lorsqu'il est chaud, entraînera les rhumatismes et le rachitisme, en admettant que les petits échappent à l'inflammation des organes internes.

Il faut donc avoir soin de leur donner un lit bien sec en planches, garni de même du côté du mur, dont le froid pénétrerait en dedans, et élevé de quelques pouces au-dessus du sol, surtout si celui-ci est garni de carreaux ou de briques. Les petits s'habitueront bien vite à coucher sur ce plancher et éviteront la pierre froide, excepté en été où cela ne peut leur faire de mal. Le sol carrelé ou briqueté doit être construit de façon à ne pas absorber l'urine, ce qui ne peut être obtenu qu'en employant des briques vernissées qui ne sont pas poreuses, ou en recouvrant le sol d'une couche de ciment ou de bitume. On doit veiller à ce qu'il n'y ait pas d'interstices entre les joints et, lorsqu'on ventilera, il faudra éviter les courants d'air froid. La propreté doit également y être entretenue soigneusement en balayant tous les jours le sol, qu'on lavera de temps en temps, et la litière devra être renouvelée au moins une fois par semaine.

En été, on peut se dispenser de mettre de la paille où se réfugieraient les puces, et, si l'on ne trouve pas le parquet suffisant, on y répandra une couche épaisse de sciure de bois de sapin, qui est assez douce et ne sera hantée par aucune espèce de vermine. La seule objection contre elle est que les petits la mouillent souvent, ce qui la rend nuisible.

Alimentation. — La nourriture des petits est une chose très-importante ; car, à moins qu'ils ne reçoivent en abondance des aliments suffisamment nourrissants pour pouvoir atteindre le développement voulu, il est impossible qu'ils deviennent ce qu'ils devraient être.

A partir du moment du sevrage jusqu'à la fin du troisième mois, il n'y a pas à faire davantage que ce qui a été indiqué plus haut, c'est-à-dire que les petits devront recevoir de quatre en quatre heures la pâtée de bouillon et de viande de tête de mouton, et la bouillie de farine et de lait alternativement. Mais, lorsqu'on élèvera un seul petit chien, on pourra lui donner seulement la bouillie, en y joignant les restes de la cuisine, y compris les os, qu'il épluchera avidement.

La régularité des repas est de la plus grande importance pour les jeunes comme pour les adultes ; et l'on verra toujours que, si deux petits sont également bien soignés, à cela près que l'un mange à des heures régulières et l'autre au caprice des domestiques, le premier sera de beaucoup supérieur à l'autre par la taille et la santé, aussi bien que par le développement symétrique du corps. Il est aussi très-nécessaire de ne jamais laisser dans les écuelles des restes de nourriture jusqu'au lendemain, parce que rien ne dégoûte plus le chien. Dès que les petits sont repus, il faut enlever les restes, et même avant qu'ils aient complétement fini. Tout cela demande beaucoup de soin et de tact, et il est peu de domestiques qui prennent la peine de suivre exactement ces instructions...

Qu'ils soient élevés dans la maison ou au dehors, les petits exigent toujours la même alimentation, et plus on apportera de régularité dans la quantité, la qualité et l'heure des repas, plus ceux-ci leur profiteront. De trois à six mois, on doit donner la nourriture au moins trois fois par jour aux petits; mais, à partir de cet âge, on la leur donnera deux fois seulement comme aux adultes, soir et matin.

On demande souvent quelle est la nourriture la plus convenable aux chiens. Leur système dentaire et tout leur appareil digestif semblent les rendre plus propres à se nourrir de chair que de végétaux, et leurs habitudes y tendent aussi, comme on le voit par leurs variétés sauvages, qui se nourrissent presque exclusivement du produit de leur chasse. Cependant, il est évident que ses organes peuvent recevoir une nourriture végétale, et nous voyons qu'en effet il s'en nourrit volontiers. On peut donc affirmer qu'un mélange de substances animales et végétales est la meilleure nourriture qui convienne au chien ; mais leurs proportions dépendront de l'exercice plus ou moins fort du corps. Comme les substances animales sont plus nutritives, on les donnera aux chiens qui, comme ceux qui font la chasse, exercent beaucoup. Au contraire, on satisfera aux besoins de ceux qui sont toujours renfermés, en leur donnant des végétaux qui, sous une grande masse, contiennent moins de substance nutritive.

Les chiens de forte race et ceux qui travaillent beaucoup ont naturellement besoin d'une alimentation plus substantielle que les autres. La *mouée* est particulièrement adaptée à cette circonstance, et procure à bon marché une très-bonne nourriture. Elle consiste dans les tripes et les panses de mouton que l'on fait bouillir trente ou quarante minutes dans une petite quantité d'eau, après les avoir bien lavées. Lorsqu'on les retire de l'eau, il faut les suspendre dans un endroit frais et verser le bouillon sur des râpures de pain. La quantité de râpures doit être telle que, lorsqu'elles ont été trempées et refroidies, le tout soit de la consistance d'un pouding, c'est-à-dire d'une gelée. Lorsque les tripes seront aussi refroidies, on les coupera en très-petits morceaux et on les mêlera avec les râpures trempées. On peut remplacer celles-ci par de la farine ou du biscuit. Ce mélange peut contenir plus ou moins de matière animale, suivant la quantité de tripes que l'on y ajoutera. De toutes les substances, à l'exception de la chair du cheval, aucune n'est plus agréable aux chiens et ne les nourrit mieux.

Les substances végétales les plus employées pour les chiens, sont les farines de froment, d'orge, d'avoine ou de seigle, bouillies dans du lait ou du bouillon. Les farines d'orge et d'avoine données constamment disposent plus que celle de froment aux maladies cutanées ; lorsqu'on les emploie, on doit y joindre une certaine quantité de pommes de terre, qui sont rafraîchissantes, surtout mêlées avec du lait de beurre.

Le pain de creton ou pain de suif est aussi une bonne nourriture, mêlé avec une certaine quantité de végétaux et trempé dans du lait ou de l'eau grasse. Il est bon de remarquer qu'il ne faut jamais employer les eaux grasses des viandes salées ; elles donnent aux chiens des affections éruptives très-opiniâtres.

La viande de cheval est une substance très-nutritive et fortifiante ; et les chiens la préfèrent à toute autre. Elle est très-convenable aux chiens qui travaillent beaucoup ; dans ce cas, elle n'est jamais nuisible ; mais, si on en donne à ceux qui font peu d'exercice, elle est trop nutritive et dispose aux affections cutanées. On peut donner la viande crue ou cuite ; les viandes crues augmentent le courage et la férocité ; et lorsque l'on demande ces qualités dans des chiens, il faut les nourrir ainsi. C'est ce l'on peut donc faire pour les chiens de chasse, comme les Lévriers, les Foxhounds et autres chiens courants. Mais, lorsqu'on nourrira entièrement les chiens de viande, on ne leur donnera à manger qu'une fois par jour. Il ne faut pas oublier, cependant, que tous les chiens nourris de viande doivent recevoir un large supplément de végétaux verts, au moins une ou deux fois la semaine pendant l'été, sinon ils seront très-échauffés, leur nez sera sec et chaud, et leur peau deviendra le siége de quelque éruption. Des choux verts, des fanes de navets, des carottes, des pommes de terre et des navets leur seront donnés avec avantage, bouillis et mêlés avec la pâtée ou le bouillon, et de cette manière ils seront mieux goûtés.

La quantité d'aliments en poids que demande un jeune chien en pleine croissance varie du douzième au vingtième de son propre poids. Ainsi, un chien pesant six à sept kilos absorbera cinq cents grammes environ de nourriture; un chien de quinze kilos en prendra de mille à douze cents grammes. Lorsque le chien a atteint toute sa croissance, la plus faible de ces quantités est généralement suffisante et peut être prise comme poids moyen de la nourriture de tout chien qui prend un exercice suffisant.

Exercice. — La plus grande partie des maladies qui affectent l'espèce canine sont occasionnées par le manque d'un exercice convenable. L'exercice est nécessaire à tous les âges; mais le chien adulte peut subir la réclusion pendant quelque temps sans en souffrir dans sa conformation, ses pieds, ses os et ses muscles ayant atteint leur parfait développement. Il n'en est pas de même du jeune chien, qui croît suivant les besoins de son organisme, et, si ses muscles restent paresseux, il ne grossira pas et ses pieds resteront étroits et faibles, avec leurs ligaments relâchés; de sorte qu'ils s'étaleront à terre comme une patte de canard.

Les jeunes chiens en état de croissance devront toujours avoir à leur disposition un terrain suffisamment grand pour pouvoir y prendre leurs ébats, tout en y étant à couvert jusqu'à la fin du troisième mois. Après cet âge, s'ils ont pour s'abriter un coucher couvert où ils puissent se rendre, ils sauront bien éviter une forte pluie. Les jeunes chiens sont plus disposés à jouer ensemble que seuls; on les voit alors courir, sauter et gambader les uns avec les autres.

Dans les villes, où il est plus difficile de donner aux jeunes chiens l'exercice nécessaire, et où on en élève souvent un seul à la fois, c'est une excellente chose que de le faire jouer avec une boule; il peut ainsi s'exercer tout seul, même quand il fait mauvais temps. Si cependant quelque circonstance s'oppose à l'exercice, on doit alors apporter beaucoup de circonspection dans la nourriture, qui doit être modérée et composée surtout de substances végétales.

Éducation générale. — Pendant la période de croissance, l'éducation doit se borner à habituer le chien à l'obéissance, à répondre à son nom et à suivre sur les talons. Quelques races demandent davantage; tels sont les chiens d'arrêt; nous en parlerons dans un des chapitres suivants, sous le titre de *Dressage.*

Coupe et arrondissement des oreilles. — Nous avons parlé plus haut (page 200) de l'enlèvement des ergots et de la section de la queue, opérations qui doivent généralement se faire sur le jeune chien avant le sevrage; mais l'amputation ou l'arrondissement des oreilles ne doit se faire que lorsque ces organes sont suffisamment développés. Ces opérations demandent d'ailleurs une certaine habileté. On coupe les oreilles aux Terriers et aux chiens de défense, pour que les animaux qu'ils combattent, rats, loups ou autres chiens, ne puissent les saisir par cette partie sensible. Pour rogner les oreilles aux Terriers, le meilleur moment est vers la fin du quatrième mois, et l'on doit employer des ciseaux forts et bien tranchants, en ayant soin de maintenir dans leur position naturelle les deux peaux de l'oreille, afin que l'une chevauchant sur l'autre, on ne les coupe pas inégalement.

Les chiens courants, qui ont souvent à traverser les fourrés et les ronciers, s'y déchirent fréquemment les oreilles; on a l'habitude, pour cette raison, de les leur raccourcir en arrondissant le lobe, ce qui les rend aussi moins sujets aux chancres sur le bord de l'oreille.

CHAPITRE III.

Chenil des Lévriers et chenil d'élevage. — Chenil des Chiens
courants. — Chenil des Chiens d'arrêt. — Niche pour un
seul chien.

Il existe de grandes différences entre les chenils des
diverses races de chiens et les manières de les amé-
nager, bien que les principes hygiéniques qui y pré-
sident soient toujours les mêmes. Ainsi, les meutes de
chiens courants, qui sont parfois composées de quatre-
vingts et cent chiens, doivent être gouvernées et
logées autrement que trois ou quatre couples de
Lévriers ou de chiens d'arrêt. Dans tous les cas, un
chenil bien disposé doit être placé, autant que possible, dans un lieu élevé et sec, à l'abri des vents du
nord, et où l'on puisse amener de l'eau en quantité
suffisante pour les besoins des chiens et ceux de la
propreté. Le bâtiment sera construit avec du plâtre ou
de la chaux, point de terre ; car la principale condition
est que le logement soit sec.

Chenil des Lévriers. — Chenil d'élevage. — Le
chenil destiné aux Lévriers ou aux jeunes chiens doit
être parfaitement abrité, et avoir la cour couverte

aussi bien que l'habitation. Le plan indiqué par Stonehenge, et que nous reproduisons ici, consiste en un
bâtiment carré central, compris entre les quatre angles A, B, C, D, et divisé en quatre chambres, au

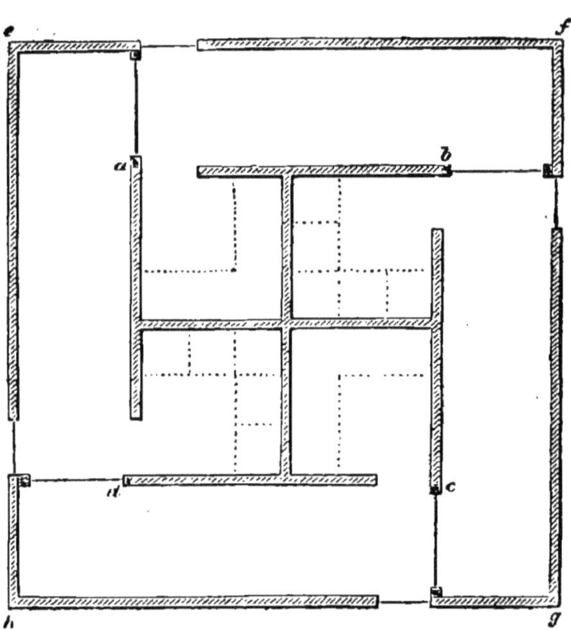

FIG. 73. — PLAN DE CHENIL.

centre desquelles est établi un appareil de ventilation
commun. Ces chambres sont garnies, le long des murs,
de bancs séparés par des divisions, comme le montre
le dessin, et élevés de $0^m,20$ à $0^m,25$ au-dessus du
sol. Chacune de ces chambres ouvre sur une cour,
avec une porte de communication disposée de façon
à pouvoir rester en partie ouverte sans laisser le plus
léger courant d'air frapper sur les bancs où cou-

chent les chiens. Tout autour de ce bâtiment règne
une cour, que l'on peut diviser en plusieurs, au
moyen de petites barrières *ab, bc, cd, da*, couvertes
d'un toit et fermées sur les côtés extérieurs par une
palissade ouverte, garnie d'un treillage en fort fil de
fer. Ces cours, avons-nous dit, sont séparées entre

FIG. 74. — ÉLÉVATION DU CHENIL.

elles par de petites barrières que l'on peut élever ou
maintenir basses, afin d'encourager les petits chiens
à s'exercer en sautant par-dessus pour se poursuivre
l'un l'autre dans leurs jeux.

Le sol devra être un peu en pente pour favoriser
l'écoulement des liquides, garni de dalles, de briques
vernissées ou de ciment; ce dernier est le plus convenable et le plus parfaitement imperméable, ce qui

est d'une très-grande importance. Chaque chambre et chaque coùr doivent être pourvues d'un petit canal d'écoulement couvert, pour conduire aù dehors les liquides. Chaque chambre doit avoir une fenêtre pouvant s'ouvrir, et assez haut placée pour que les chiens n'y puissent monter. La ventilation sera assurée par un système spécial, placé au centre du bâtiment. Cet appareil établit un courant inférieur aussi bien qu'un courant supérieur ; de sorte qu'il n'est besoin d'ouvrir la porte que pour le nettoyage ; mais, dans les temps de grand vent, on devra fermer le côté de l'appareil qui y est exposé, car le courant d'air inférieur pourrait refroidir les chiens.

L'exposition doit être sèche et chaude, entre le sud et l'est par exemple, et, si l'on peut, ombragée au midi par quelques grands arbres. Le chenil doit être tenu dans une très-grande propreté ; les repas servis très-régulièrement, en ayant soin d'enlever les gamelles aussitôt les chiens repus ; l'eau toujours fraîche et pure et en quantité suffisante.

Ce chenil, tel que nous venons de le décrire, est admirablement disposé pour l'élevage des jeunes chiens.

Chenils pour Chiens courants. — L'étendue des chenils doit être naturellement proportionnée aù nombre et à la nature des chiens qu'ils doivent renfermer. Ceux destinés aux chiens courants, dont les meutes sont quelquefois très-nombreuses, doivent être nécessairement beaucoup plus vastes que ceux destinés aux

Lévriers ou aux jeunes chiens. Mais, d'un autre côté, ils n'ont pas besoin des mêmes protections contre les intempéries auxquelles les chiens courants se trouvent continuellement exposés pendant leur vie active, et qu'ils doivent, par conséquent, être habitués à supporter.

Comme nous l'avons dit, le chenil doit toujours être placé sur un terrain bien sec; c'est là une condition très-importante. Rien n'est plus préjudiciable aux chiens qu'un logement humide; c'est une cause assurée de rhumatisme et de gale, maladies auxquelles les chiens sont particulièrement sujets. Voici les indications données par Stonehenge pour l'établissement d'un chenil de meute : « Lorsqu'on bâtira les chenils, on retirera la terre de l'intérieur des logements à la profondeur d'un pied, et on la remplacera par du cailloutis ou du ballast bien tassé, par-dessus lequel on placera les briques ou les carreaux, assujettis dans une couche de ciment. Ces briques ou carreaux ne doivent pas être poreux, ou bien on les recouvrira d'une couche de ciment, ce qui est une excellente pratique. Au pied des murs, en dehors, l'on ménagera un fossé de près d'un mètre de profondeur, au fond duquel sera placé un drain de $0^m,5$ à $0^m,6$ d'ouverture, et que l'on remplira par dessus de ballast. Ce drain doit tourner tout autour de la maison et déboucher dans l'égout principal. Comme toit, le chaume est préférable aux tuiles, parce qu'étant mauvais conducteur, il conserve mieux la chaleur en hiver et la fraîcheur en été; mais, comme les tuiles ou l'ardoise sont plus agréables à l'œil, on pourra placer sous celles-ci une couche de joncs.

« A l'arrière du chenil seront placées la cuisine, la cour réfectoire et des loges séparées pour les femelles pleines ou les chiens malades. En avant des chenils, et s'étendant sur les côtés jusqu'au fond du bâtiment, régnera un large préau ou cour fermée par des murs ou par une palissade. Les premiers sont préférables, quoique plus coûteux, parce que les chiens qui peuvent voir à travers les palissades sont constamment excités par les objets extérieurs, bêtes ou gens, principalement les jeunes chiens qui deviennent bruyants, aboyants et se jettent sur la clôture dès que passe un chien étranger. Dans un des angles de la cour, on établira un bassin large et peu profond, où les chiens puissent se baigner commodément ; l'eau devra en être facilement renouvelable.

« La cuisine sera munie de deux chaudrons en fonte : un pour la farine, l'autre pour la viande, et elle devra être pourvue d'eau en abondance pour préparer la nourriture et la boisson, et pour les nettoyages. Chaque chambre devra avoir deux portes : l'une derrière, munie d'une petite lucarne placée à hauteur d'homme, par laquelle le valet pourra observer les chiens sans en être vu ; l'autre dans la façade, avec un huisset ou large ouverture dans le bas, par où les chiens puissent sortir et entrer, et qui pourra être ouvert ou fermé à volonté, au moyen d'une coulisse. Il devra aussi y avoir une porte ouvrant d'une chambre dans l'autre et qui servira en outre à donner de l'air en été. »

Les bancs servant de couchette aux chiens seront faits de barres de bois de sapin, épaisses de $0^m,02 1/2$, larges de $0^m,07$ et clouées sur deux fortes traverses fixées par des charnières à un large rebord solide-

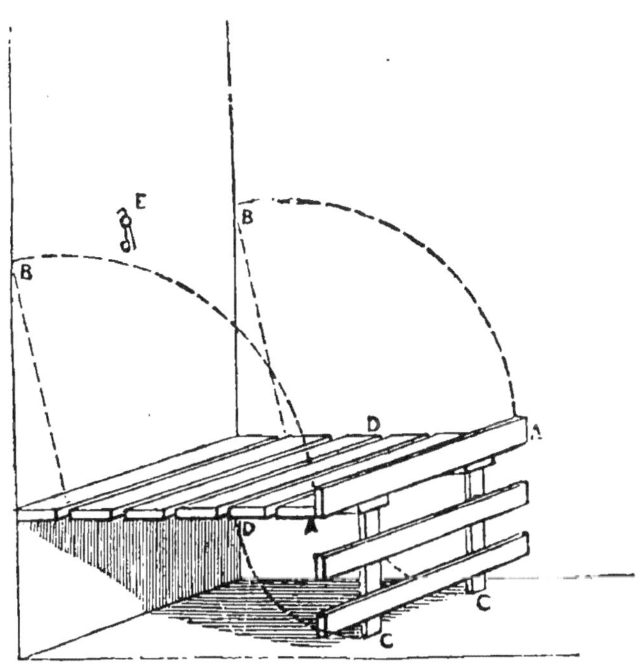

FIG. 75. — BANC DE CHENIL.

ment scellé dans le mur, à un pied environ du sol ; en avant est une pièce de bois A A, formant rebord et destinée à empêcher les chiens de tomber et la paille de glisser. Deux pieds C C, consolidés par deux barres transversales, maintiennent le banc développé et empêchent les chiens de se glisser dessous. Ces pieds, joints aux traverses du banc par des charnières, peuvent se replier en D D contre le banc, qui se relève lui-même contre le mur en A B. La barre scellée au mur et celle en A A empêchent le banc d'être forcé lorsqu'on le relève contre le mur avec la paille dessus. En E est un crochet pour retenir le banc relevé.

L'appareil de ventilation le mieux approprié aux chenils est celui que l'on place habituellement sur les étables bien construites (fig. 76), mais avec cette modification importante que la construction carrée est divisée perpendiculairement en quatre compartiments triangulaires, dont l'un est toujours sûr de recevoir le vent, de quelque côté qu'il vienne (fig. 77); tandis que le compartiment opposé donne issue au mauvais air, chassé par celui qui descend par le premier compartiment.

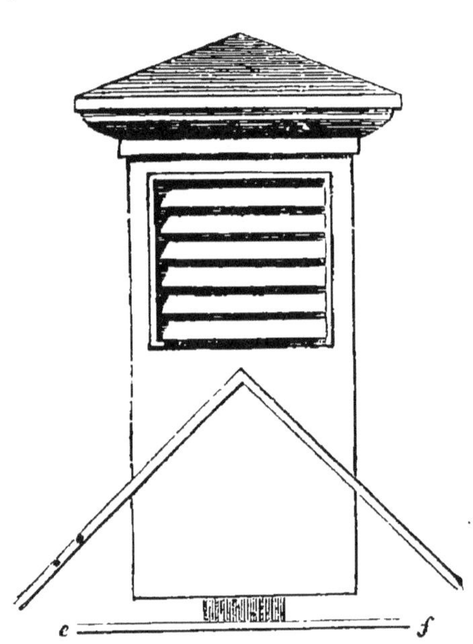

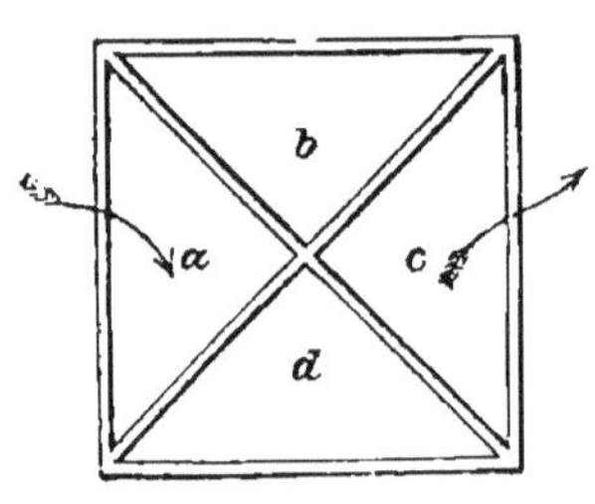

FIG. 76 ET 77. — APPAREIL DE VENTILATION.

par celui qui descend par le premier compartiment. Lorsque l'appareil est construit, il ne reste qu'à faire descendre un tube de métal de chacun de ces quatre compartiments dans chacune des chambres du chenil, qui seront ainsi aussi bien ventilées que si chacune d'elles possédait un appareil spécial de ventilation.

Entretien et gouvernement du chenil. — Le piqueur chargé du soin des chiens entrera de bonne heure dans le chenil. Il fera descendre les chiens des bancs au son de la trompe, remuera leur paille à la fourche ou en remettra de la fraîche; puis il procédera au pansement des chiens. Il prendra pour cela une brosse de chiendent et ira au billot placé dans la cour. Comme le pansement fait plaisir aux chiens, ceux-ci viendront s'y placer d'eux-mêmes, dès qu'il les appellera. Il les brossera avec soin, arrachera les tiques, et, s'ils en ont trop, les frottera d'huile, ce qui les tue. Sur les quatre chambres du chenil, il devra toujours y en avoir deux sèches et propres dès le matin, ayant été nettoyées et lavées la veille, et dans lesquelles on fera entrer les chiens aussitôt après le pansement. Le valet balayera alors la chambre dans laquelle ils ont couché, puis ensuite la lavera; il devra sécher le sol le plus possible, et de façon que vers dix ou onze heures elle soit prête à recevoir de nouveau les chiens. Alors les valets leur donneront leur déjeuner; et, aussitôt après, les piqueurs les mèneront à l'ébat ou à la chasse, en ayant soin de coupler les jeunes avec les vieux, afin que ceux-ci leur apprennent à s'arrêter, à aller et à venir au son de la trompe.

L'heure du repas est généralement fixée à onze

heures. Les chiens doivent toujours être abondamment pourvus d'eau, et l'on aura soin de placer les auges assez haut pour qu'ils ne puissent uriner dedans, ce qu'ils ne manqueraient pas de faire autrement. Pour le manger comme pour la boisson, les vases les meilleurs sont les gamelles en fer. Le valet de chiens, après avoir rempli les gamelles de soupe, les fait refroidir ; puis il ouvre la porte qui fait communiquer le réfectoire avec le chenil, et il appelle les chiens à tour de rôle et chacun par son nom, ou deux ou trois à la fois. Lorsqu'il juge que ceux-ci ont suffisamment mangé, il les renvoie et en appelle d'autres, en veillant bien à ce qu'il ne se présente que ceux qu'il a appelés. En accoutumant les chiens dans le chenil à attendre leur tour et à venir à l'appel de leur nom, on a ainsi un excellent moyen de contrôle qui ne pourrait avoir lieu autrement. La soupe une fois par jour suffit dans la morte saison ; mais, dans la saison des chasses, il faut casser du pain aux chiens le matin et leur donner la soupe le soir. Il faut avoir soin de leur donner les deux repas tous les jours ; car, si on les donnait seulement les jours de chasse, beaucoup de chiens ardents, prévenus par ce repas inaccoutumé du matin qu'ils vont chasser, ne mangeraient pas.

Chenils pour Chiens d'arrêt. — Les chiens d'arrêt n'ont pas besoin d'une cour couverte, et peuvent être traités sous tous les rapports comme les chiens courants, avec la seule différence du nombre. Autant que possible, on ne mettra pas ensemble plus de deux ou trois couples, parce qu'ils sont enclins à se quereller et à se battre, à moins qu'on ne les exerce et les fatigue beaucoup.

Chiens tenus à l'attache. — Lorsqu'un chien seul est tenu à l'attache dans une niche, il est nécessaire que le sol que sa chaîne lui permet de parcourir soit dallé et pavé, parce que, à la longue, son urine souillerait la terre au point de produire des miasmes. Il faut d'ailleurs se bien pénétrer de cette vérité, que le chien a un besoin absolu de plus d'exercice qu'il n'en peut prendre lorsqu'il est enchaîné, et l'on devra, par conséquent, lui donner chaque jour au moins une heure de liberté matin et soir. Il prendra bientôt l'habitude de satisfaire ses besoins pendant ce temps.

Chiens d'intérieur. — Le plus grand tort qu'éprouvent les chiens qui vivent en liberté dans la maison, vient de ce qu'ils reçoivent constamment de bons morceaux, aussi bien des gens de la cuisine que de leurs amis du salon. Le moins que puisse produire cette nourriture succulente et beaucoup trop abondante, est d'abord l'échauffement et souvent la gale ; puis une obésité malsaine. C'est cette nourriture irrégulière et trop substantielle, combinée avec le manque d'exercice, qui rend si difficile d'élever des chiens en ville, et fait qu'ils sont atteints de l'affection désignée sous le nom de maladie des chiens. (Voyez la IIIe partie.) — Il faudra donc veiller, autant que possible, à ce que le chien ne reçoive rien en dehors de ses repas réguliers, et ceux-ci doivent être limités à deux au plus et être donnés à des heures régulières. Dans ce cas, la quantité et la qualité doivent en être proportionnées à la taille du chien et à l'exercice qu'il prend. Les chiens ont l'instinct de la propreté et se refusent, le plus souvent, à salir un tapis ou même un parquet ciré. On voit des chiens retenir leurs excréments des jours entiers plutôt que d'encourir des reproches, et il en est même qui se laisseraient mourir plutôt que de faire des saletés. Il faut donc avoir soin, en tout temps, de les mener promener matin et soir; le négliger serait cruel et porterait atteinte à leur santé.

Les chiens à longs poils, lorsqu'ils sont confinés à la maison, sentent souvent mauvais si on leur donne beaucoup de viande; on devra donc les nourrir de pâtées faites de farine ou de pain avec un peu de bouillon, mais ne pas y mêler de chair.

CHAPITRE IV.

Éducabilité du Chien. — Dressage des Chiens courants. — Dressage du Limier. — Dressage du Chien d'arrêt. — Dressage de
l'Épagneul d'eau, — du Terrier, — du Chien de berger et du
Chien de garde.

S'il est utile de perfectionner le chien au point de
vue des formes extérieures, il est non moins important de cultiver ses facultés intellectuelles, et de déve-
lopper ses aptitudes afin de les approprier à nos
besoins.

Le chien est, de tous les animaux, le plus susceptible
d'éducation, et quelques races nous offrent des
exemples surprenants du haut degré de perfection
auquel une éducation bien entendue peut amener
leurs qualités. Le chien est éminemment observateur
et sa mémoire est prodigieuse; il est très-sensible aux
bons comme aux mauvais traitements; aussi son éducation est-elle facile à conduire avec de la douceur et
de la patience. Il faut le caresser et le récompenser
lorsqu'il fait bien, le réprimander lorsqu'il fait mal;
mais il ne faut employer les corrections qu'à la dernière extrémité et ne le maltraiter jamais; les coups
l'abrutissent, le rendent craintif et désobéissant et

souvent incapable de recevoir aucune éducation. La chasse, la garde des troupeaux et des habitations, l'attelage, sont les principaux travaux auxquels on peut dresser le chien.

Dressage des chiens courants. — La première chose à faire lorsque les jeunes chiens entrent au chenil, c'est de les habituer à leur nouveau maître et au nom qu'on veut leur donner. Il arrive parfois que, pendant les premiers jours, le jeune chien ne peut se faire au confinement dans sa nouvelle demeure et boude dans un coin, en refusant de manger et de suivre le piqueur. Cela ne dure pas longtemps, mais, pendant ce temps, il n'y a rien à faire avec le chien. Lorsque les petits chiens seront faits au chenil, le valet les prendra d'abord par couples et peu à peu les habituera à aller en liberté. Pendant les premiers temps, il sera prudent de n'en prendre que cinq ou six couples à la fois; car lorsqu'il arrive quelque bagarre, il y a assez à faire avec ce nombre et il serait impossible d'en gouverner davantage. En réalité, le piqueur fera bien de n'en prendre qu'un couple ou deux avec lui dans le promenoir, jusqu'à ce qu'ils soient bien accoutumés à sa voix et comprennent qu'ils doivent lui obéir. Dès que les chiens sont traitables dehors, ils peuvent être promenés au milieu des moutons et des daims, où ils seront d'abord menés par couples; mais pendant longtemps ils devront être accoutumés à résister à la tentation, car on ne peut les dresser qu'alors. Les chiens pour cerf et les chiens pour renard (*Foxhounds*) devront être tenus éloignés du lapin et du lièvre, autant que possible; mais on n'en peut faire plus jusqu'à ce qu'ils soient exercés sur leur propre gibier; car leur intelligence et leur ardeur en souffriraient si le fouet et la réprimande étaient toujours employés sans la compensation de quelque espèce de gibier.

Les chiens courants doivent être exercés tous les jours, sans quoi leur santé et leur discipline s'en ressentiraient et l'on n'en obtiendrait rien qu'au moyen du fouet. On les mènera le matin sur la route, ce qui leur fortifiera les pieds, et le soir dans leur parc. Ce n'est guère qu'à l'âge d'un an qu'on s'occupe de dresser le jeune chien courant. On le couple d'abord avec un vieux chien dont l'exemple lui profite, qui lui apprend à connaître les sons de la trompe et modère son ardeur. Le chien courant chasse de race et donne naturellement de la voix sur les pistes fraîches et surtout à vue.

Un bon chien courant doit bien quéter. le nez près de terre, si ce n'est dans les endroits fourrés où il y a des portées. Il doit être collé à la voie, c'est-à-dire la défiler bien droit et s'arrêter à l'instant même où il ne l'a plus entre les jambes, pour tourner à droite ou à gauche, ou reculer du côté où elle va. Il doit avoir le nez fin, c'est-à-dire ne pas passer les voies un peu froides et mettre bien le nez à terre dans les chemins, qui sont les endroits les plus ordinaires des défauts. Il doit n'être ni bavard, c'est-à-dire criant trop et le nez en l'air où la voie n'est pas, ni chiche de voix, c'est-à-dire s'en aller sans crier où va la voie. Il ne doit pas muser, c'est-à-dire rester au bout de la voie le nez en l'air, à regarder les autres; mais, au contraire, il doit travailler tout de suite le nez à terre pour relever le défaut. Il doit avoir de la tenue, c'est-à-dire rester toujours sur sa voie sans la lâcher et toujours la travailler quand il l'a perdue. Il doit bien rameuter, c'est-à-dire qu'à l'instant même où le premier chien relève un défaut d'une manière positive et sûre, il doit aller promptement à lui. Il doit être obéissant et bien créancé, c'est-à-dire s'arrêter et revenir aisément à la voix du maître et au son de la trompe, c'est la seule qualité qu'on puisse lui donner. Le chien courant qui n'aura pas toutes ces qualités ne sera jamais que médiocre. Il est impossible de rendre bon un mauvais chien courant.

Dressage du Limier. — Pour savoir dresser un Limier, la douceur et la patience sont les deux qualités les plus nécessaires. Le chien qu'on veut mettre à la main doit être ardent, hardi, haut du devant, large du poitrail et bien reinté. La première leçon à lui donner est de lui apprendre à marcher devant et à porter gaillardement son trait. Il ne faut pas compter le lui faire faire de force; car si on le maltraite la première fois, il abhorrera le trait et n'y sera jamais propre; la douceur, les caresses réitérées sont les moyens qu'il faut employer. La meilleure manière est d'avoir la première fois avec soi quelqu'un qui ait un Limier formé. On va ensemble, et l'on fait passer le vieux Limier devant le jeune, que cela excite; il oublie la botte et tire sur son trait pour le suivre. Après avoir fait cela cinq ou six fois, on les fait passer devant alternativement, et bientôt le jeune chien se trouve en état d'y aller seul. Pour l'encourager, on lui dit : *Hou devant Briffaut, hou devant, après mon chien, après.* — Quand il marchera sans inquiétude et tirera gaiement son trait, il faudra lui apprendre peu à peu à mépriser les voies dont on ne veut pas lui donner connaissance; mais lorsqu'il se rabattra sur celles de l'animal à la chasse duquel on le destine et qu'on en reverra, on le flattera en lui disant : *Volce-lets Briffaut, tu dis vrai, mon chien.* S'il trouve les fumées du cerf dont on fait suite, il faut les lui laisser flairer à l'aise, et pendant ce temps le caresser de la main, après quoi l'on continuera sa suite en l'appuyant de temps en temps. Il faut bien prendre garde qu'il ne change de voie; s'il fait cette faute, il faut le retirer sans le battre, mais en le grondant, revenir ensuite sur les derrières et reprendre la voie. Cet exercice sera le même jusqu'à ce que le chien soit ferme dans sa voie. Il est aisé de s'en assurer en retenant le trait. S'il est ferme, il tirera droit devant lui sans bouger; s'il n'est pas ferme, il se jettera à droite ou à gauche, ce qui est un grand défaut; car tout voltigeur ou tout bricoleur qui ne suit qu'au vent n'est propre qu'à faire des sottises.

Dès que le chien aura fait plusieurs belles suites, il faudra lui apprendre à détourner. Pour cela, il faut choisir l'époque où les cerfs sont seuls dans leurs buissons; l'époque du rut n'est pas bonne, à cause de la multiplicité des voies et de l'odeur forte qu'exhalent les cerfs. Lorsque le chien prendra une mauvaise voie, on lui retiendra le trait en lui disant : *Fi de ça, Briffaut, fi de ça;* puis l'on continue la quête. A deux cents pas de là on rétrogradera pour croiser de nouveau cette même mauvaise voie et voir si le chien se souvient. Dans le cas contraire, on lui donnera une légère saccade de trait, en lui disant sévèrement : *Fi de ça, vilain chien, fi de ça.* — Quand il sera à peu près confirmé, on lui apprendra à former l'enceinte, ce qui se fait en tournant le fort où l'on a rembûché l'animal par le chemin le plus proche de ce même fort. Si le cerf est sorti, le chien accoutumé à bien suivre ressaisira la voie; on le caressera et l'on fera suite jusqu'au premier sentier, où l'on brisera haut et bas si c'est un cerf, bas seulement si c'est une biche.

Pour accoutumer votre chien à être muet, aussitôt qu'il veut donner de la voix on se retire en lui disant : *Tout coi, l'ami, tout coi,* et on lui fait suivre le contre-pied, puis on revient. A cette mortification se joint le refroidissement de la voie qui affecte son ardeur, la diminue et lui apprend à être muet.

Le temps le moins favorable au dressage du Limier est la neige; d'abord à cause de la froideur des voies, et parce qu'alors le chien que vous voulez faire suivre a recours à ses yeux et finit par en contracter l'habitude. Ce qui précède s'applique aux Limiers pour toutes bêtes.

Dressage des Chiens d'arrêt. — Le chasseur qui voudra dresser lui-même une paire de chiens d'arrêt pour son propre usage devra d'abord se procurer des petits d'une race dans laquelle il puisse avoir confiance. Ils seront nourris et élevés comme nous l'avons indiqué plus haut, en se rappelant que les substances animales leur sont moins nécessaires qu'aux chiens courants et deviennent même parfois nuisibles à leurs qualités, lorsqu'on les leur donne en trop grande proportion.

Les jeunes chiens devront d'abord apprendre à connaître leur nom et s'habituer à obéir à la voix. Ceci demande une grande patience et beaucoup de tact, et le maître des chiens doit les promener lui-même au moins deux ou trois fois par semaine en cherchant à se les attacher. Un peu de sévérité n'est pas nuisible.

A l'âge de cinq ou six mois, on apprend au chien à rapporter. Pour cela, on empaille une peau de jeune lapin qu'on lui jette à quelque distance en lui disant : *Apporte !* S'il n'y va pas de lui-même, on l'y conduit ; s'il ne ramasse pas la peau, on lui baisse la tête dessus et on la lui met entre les dents, en le caressant. On recommence ainsi jusqu'à ce qu'il rapporte bien ; il faut alors le caresser et même lui donner du biscuit ou quelque friandise. On varie le gibier empaillé, puis on y substitue du gibier mort ; puis du gibier vivant, pour lui apprendre à n'avoir pas la dent trop dure et à rapporter le gibier en vie sans le laisser échapper. Quand il a déjà rapporté plusieurs fois, il faut le corriger doucement s'il lâche la proie.

En traversant les champs, on ne laissera jamais le chien pénétrer dans les clôtures, même lorsque la porte en serait ouverte, et l'on ne souffrira pas non plus qu'il poursuive les volailles et les chats; il faut le rappeler au moment où il tente de le faire. Ces points préliminaires sont de la plus grande importance, car, en les obtenant, la moitié des difficultés du dressage seront surmontées, et si le jeune chien est habitué de bonne heure à l'obéissance, l'on n'aura plus qu'à lui faire connaître ce qu'il a à faire, et il le fera. De même, le chasseur devra accoutumer ses chiens de bonne heure à restreindre leur appétit lorsqu'il le leur commandera; dans ce but, il se munira de biscuits et en placera des morceaux à la portée du chien en l'empêchant de les prendre; rien que par le commandement *tout beau*. — Ils devront également être habitués à suivre leur maître sur les talons et à y rester, au seul commandement de *derrière*; à s'élancer en avant au commandement *allez;* à s'arrêter tout à coup : *stop;* à revenir vers son maître : *ici, à moi,* suivant le commandement, puis à obéir au sifflet.

Lorsque ces divers ordres seront gaiement et promptement exécutés par le jeune chien, il sera temps de le mener sur le terrain, mais non avant. Beaucoup de chasseurs habituent leurs chiens à la détonation du fusil en tirant derrière eux [de temps en temps un coup de pistolet. Bien qu'un chien de bonne race s'en effraye rarement, cette précaution peut être bonne, mais il faut l'habituer en même temps à s'arrêter net au bruit de la détonation. Si le chien est d'une nature courageuse, on obtiendra ce résultat en le tenant en laisse et en l'arrêtant instantanément après le coup de pistolet. Il arrivera ainsi promptement à associer les deux faits, de sorte que, dès qu'il entendra un coup de fusil, il s'arrêtera aussitôt. Mais ce procédé ne pourra réussir avec un chien timide, qui prendra peur aussitôt, et dans ce cas, au lieu de dresser le chien, on le gâtera pour toujours.

Ensuite vient le dressage pour la *quête,* qui est la partie la plus difficile. Beaucoup de chasseurs, qui ont passé leur vie à tirer, ne se doutent pas du degré de perfection auquel on peut amener cet art chez le chien ; ils se contentent que le leur trouve le gibier n'importe comment ; mais le véritable sportsman, qui comprend tout ce que l'on peut obtenir du chien, sait que pour opérer une battue parfaite, le terrain tout entier doit être exploré systématiquement et de telle façon que le chien en parcoure toutes les parties successivement, en étant toujours aussi près du fusil que le comportent la nature du terrain, l'allure du chasseur et le degré de sauvagerie du gibier. Ce dont le chasseur a besoin, c'est d'abord que le chien puisse chasser librement, ce qui vient vite s'il est de bonne race ; qu'il quête seulement là où il lui est commandé de le faire, et que toujours il ait l'œil sur la main ou l'oreille au sifflet de son maître pour se diriger. Ceci dépend beaucoup aussi de la race, certains chiens étant naturellement volontaires, tandis que d'autres, dès leur naissance, sont soumis à leur maître et font promptement tout ce qu'il désire.

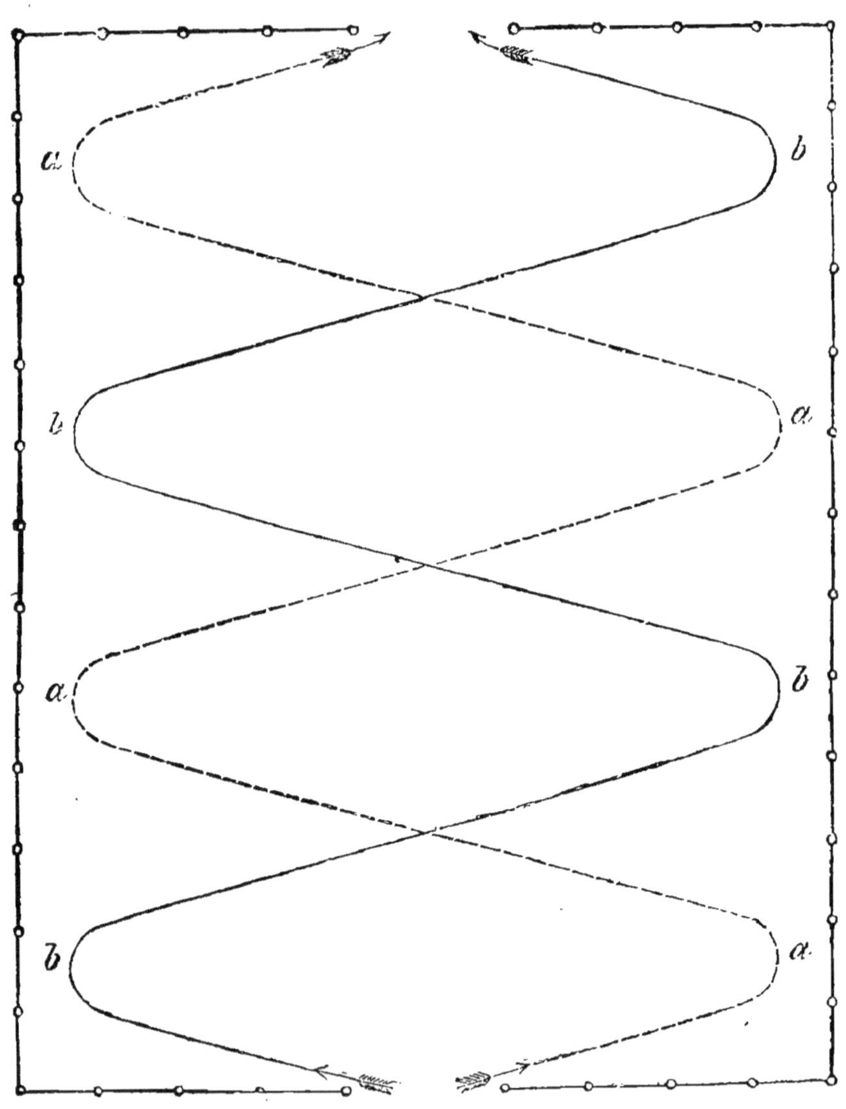

FIG. 78. — BATTUE.

En se reportant à la figure ci-dessus, on comprendra le principe d'après lequel deux chiens doivent battre leur terrain, les lignes pointillées *a. a. a. a.* représentant le parcours de l'un, et les lignes pleines *b. b. b. b.* représentant celui de l'autre chien. Mais avec un jeune chien inexpérimenté, il ne faut pas s'attendre à lui voir prendre la droite tandis que l'autre prendra la gauche, comme il devra le faire par la suite, lorsqu'il connaîtra son devoir. Si l'on met un vieux chien dans un champ avec le jeune, le premier partira au commandement et suivra l'une ou l'autre ligne indiquée ci-contre, accompagné par le jeune chien, qui n'y comprendra rien d'abord, mais le suivra. — Aussitôt que le vieux chien *trouve,* il s'arrête; mais, très-probablement, le jeune courra en avant et fera envoler les oiseaux, au profond dégoût de son vieux compagnon, mais à son grand plaisir à lui, comme il le prouve en poursuivant le gibier jusqu'à ce qu'il soit hors de vue. On ne doit pas punir le jeune chien pour ce méfait, attendu qu'à ce moment de son éducation il n'en sait pas plus long et que le grand point est de lui inspirer le goût de son métier et non de le décourager; de sorte que, se jetât-il sur une douzaine d'oiseaux, il ne doit lui être infligé aucune correction. Aussitôt que le jeune chien s'élance à la poursuite du gibier, il faut le rappeler; s'il est obéissant, il s'arrêtera malgré la tentation, et, au bout de quelque temps il tombera en arrêt devant le gibier, à l'imitation de son vieux camarade; mais s'il persiste dans sa faute, on emploiera le collier de force. La saison de la pariade des perdrix, c'est-à-dire le mois de mars, est l'époque la plus favorable au dressage du chien d'arrêt, parce qu'à cette époque les oiseaux restent coi. — Le collier de force est armé en dedans de trois rangs de clous dont la pointe dépasse le cuir de $0^m,004$ à $0^m,005$; un second cuir assujettit les têtes de clous de telle façon qu'elles ne puissent bouger; un piton dans lequel on passe une corde qui, ainsi doublée, doit avoir 4 à 5 mètres de longueur, sert à pouvoir donner à volonté une secousse au collier pour en piquer le cou du chien.

On mène alors sur le terrain le chien muni de son collier de force. Dès qu'il rencontre, on le calme et on le soutient de la voix en lui disant : *bellement;* s'il s'emporte, on crie : *derrière,* et s'il n'obéit pas on lui donne une saccade en tirant la corde. Quand il a bien formé son arrêt, qu'il s'y est affermi, on l'y maintient en lui disant très-doucement et à voix basse : *tout beau!*

On lui fera parcourir ainsi le champ en zigzag, comme l'indique la figure, d'abord seul et tenu en laisse, puis en liberté, et, enfin, en le faisant croiser par un vieux Pointer, mais seulement lorsqu'il commencera à bien quêter. Les chiens d'arrêt n'usent pas de leur nez comme le Limier et certains chiens courants, pour suivre la piste laissée sur le sol par le pied du gibier; ils se guident sur les émanations qui viennent du corps lui-même. Il est donc important que le chien quête sous le vent et c'est dans cette condition que l'on devra toujours exercer le chien.

Quand le chien, docile à la voix, calme au coup de fusil, a formé quelques arrêts bien francs, bien fermes, on fait en sorte de tuer le gibier à terre, à son arrêt et sous son nez. Si le gibier part, il faut le tuer au vol, et dans l'un et l'autre cas le faire rapporter *belle-ment*. Quand le chien sera ferme sur ses arrêts pour la *plume,* on l'habituera à arrêter le *poil* avec un lapin domestique ou mieux un lièvre qu'on tiendra dans un très-petit enclos. Quand le chien sera docile à la voix et au sifflet et bien habitué à battre le terrain de chasse systématiquement, comme il est dit plus haut, on devra l'habituer à aller à l'eau. Les Épagneuls, et généralement tous les chiens à longs poils, vont à l'eau naturellement et par goût; mais il n'en est pas toujours de même de ceux à poils ras, tels que les Pointers et les Braques, dont quelques-uns même ont beaucoup de peine à s'y habituer. Pour faire aller le chien dans l'eau, il faut choisir la saison chaude, sinon il s'en dégoûterait de suite. On jettera à quelques pas du bord d'un ruisseau peu large, et de l'autre côté duquel sera un autre chasseur, une pièce de gibier blessé; on tirera dessus et on criera : *apporte.* Souvent le chien ira à l'eau après quelque hésitation; mais s'il refuse d'y aller, on l'y contraindra en lui mettant le collier de force, dont on lancera la corde au chasseur qui est sur l'autre bord. Il ne faut, cependant, employer ce moyen qu'à la dernière extrémité, la rigueur étant toujours un mauvais procédé.

Il est souvent nécessaire de corriger certains défauts chez les jeunes chiens, tels que de *quêter le nez à terre,* ce qui les conduit à s'arrêter sur la première piste qu'ils rencontrent; de *quêter trop loin* du chasseur, de *lâcher* ou quitter le gibier aussitôt trouvé. Le premier défaut, consistant à quêter le nez à terre, est malheureusement sans remède, et le chien qui au bout de huit ou dix jours de dressage aura ce défaut très-développé, ne vaudra jamais grand'chose, quelles que

FIG. 79. — LE PIQUET.

soient d'ailleurs ses autres qualités et l'habileté de son dresseur. La méthode la plus communément employée pour guérir un chien de ce défaut, est l'application du *piquet*, tel que le montre la figure ci-dessus. Il consiste en un bâton de chêne ou de frêne attaché au cou par un collier en cuir et à la mâchoire inférieure par une cordelette passée derrière les dents canines, de manière à prolonger la mâchoire inférieure qu'il dépasse de $0^m,15$ à $0^m,20$, de sorte que le chien ne peut approcher son nez de terre plus que ne le permet la longueur du bâton. Le jeune chien devra être habitué à porter cet appareil dans le chenil aussi bien que sur le terrain, avant de le faire chasser avec; car les premières fois qu'il en est muni, il est comme anéanti et incapable de quêter; mais, au bout de peu de temps, il s'y sera accoutumé et chassera avec son piquet, qui l'empêchera de tenir le nez à terre. Après un temps plus ou moins long, on mènera le chien sur le terrain de chasse sans son piquet. S'il est corrigé, tout est pour le mieux; mais s'il montre la plus légère tendance à reprendre sa quête le nez à terre, il faudra lui remettre de nouveau son bâton; cependant, en général, ce défaut se corrige assez rapidement ou pas du tout.

Le second défaut, qui consiste à quêter trop loin du chasseur, peut se corriger en habituant le chien à donner son attention à la main et à la voix de son maître, ou en mettant au cou du chien un collier garni de poids, qui le fatiguera et diminuera beaucoup son ardeur. On peut encore, au besoin, employer le collier de force muni d'une longue corde, à laquelle on imprimera une secousse lorsque le chien voudra trop s'éloigner.

Le défaut qu'ont certains chiens de lâcher ou de ne pas tenir l'arrêt provient, le plus souvent, de ce qu'on les a punis avec trop de sévérité pour les empêcher de poursuivre la volaille ou les chats, ou le gibier dans les premiers temps de leur éducation cynégétique. Dès que le chien ainsi intimidé est en vue du gibier vivant, le souvenir du châtiment l'en éloigne aussitôt. On ne peut guère corriger ce défaut qu'en lui inspirant de nouveau la confiance et en évitant de le punir; mais, jusqu'à ce qu'il ait vu tuer le gibier, il s'en corrigera difficilement.

Dressage de l'Épagneul d'eau. — Le dressage de l'Épagneul d'eau est un des plus difficiles, car il doit chasser non-seulement dans l'eau, mais encore sur les rives. Comme pour le chien d'arrêt, la première chose à apprendre au jeune Épagneul est d'aller chercher et de rapporter, après quoi on peut le lancer sur les jeunes canards en juillet et août, lorsque l'eau est chaude; il ne faut jamais lui faire supporter, au début, les mauvais effets et le désagrément d'une eau glacée par le froid de l'hiver. En outre, les jeunes canetons sont lents et maladroits à nager et à plonger; de sorte que le chien a toutes les facilités pour se livrer à un exercice auquel le portent d'ailleurs ses goûts naturels. La première difficulté est de détourner le chien des rats qui infestent les berges de beaucoup de rivières et dont les émanations attirent son attention.

Le chien d'eau doit être habitué à rester sous la main, et, dès qu'un canard est fusillé et tombe dans l'eau, il doit être encouragé à l'apporter aussitôt à terre. Il ne faut rien négliger pour l'amener à agir ainsi; car, si l'on souffre que le chien laisse une fois un canard derrière lui, il devient très-difficile à dresser ensuite. Il faut avoir l'Épagneul sous la main, parce que sans cela il sera souvent très-difficile de lui montrer l'endroit où un oiseau sera tombé, l'œil du chien se trouvant si peu au-dessus du niveau de l'eau, et l'oiseau étant parfois tellement immergé que lorsqu'il y a la plus légère fluctuation le chien peut à peine le voir à un mètre de son nez. L'Épagneul doit être en outre sous la main, et tout prêt sans bouger, parce que, autrement, il éloignerait les oiseaux du chasseur, qui les attend en embuscade. Le moindre mouvement est fatal, et il doit rester aussi tranquille qu'une souris jusqu'à ce qu'on lui commande de partir.

Dressage du Terrier. — Les Terriers destinés à chasser les rats sont faciles à dresser ; mais beaucoup d'entre eux manquent du courage nécessaire pour affronter les morsures des rats. Aussi, à moins qu'il soit croisé avec le Bulldog, le Terrier n'est guère propre à cet usage. Cependant, si le chien est de bonne race, on lui fera d'abord tuer de jeunes rats, et, à mesure qu'il prendra confiance, il gagnera peut-être aussi du courage. Dans ce cas, il n'a guère besoin d'autre chose que de la pratique, son instinct le portant naturellement à attaquer les rats.

Dressage du Chien de berger et du chien de garde. — Le chien destiné à la garde des troupeaux doit être dressé jeune ; dès l'âge de sept à huit mois, il sera mis en rapport avec le troupeau, alors qu'il n'aura pas encore contracté de mauvais penchants. La meilleure manière de le dresser est de lui donner pour compagnon un vieux chien, dont l'exemple lui apprendra la manœuvre plus vite et mieux que toutes les démonstrations. Dans les contrées où les troupeaux sont exposés aux attaques des loups, on doit choisir le chien grand, fort et hardi. Il devra toujours être muni d'un collier hérissé de pointes de fer; car le loup attaque toujours son adversaire en lui sautant à la gorge pour l'étrangler; et, comme il ne peut le faire avec ce collier, le chien sortira toujours vainqueur de la lutte.

Comme le chien de berger est exposé aux intempéries des saisons et souvent au froid des nuits, on devra rechercher de préférence celui dont le pelage est long et épais. Il doit être non-seulement fort et vigoureux, mais encore intelligent et dressé de bonne heure à l'obéissance.

Pour la garde des habitations, on choisit habituellement le Mâtin ou le Dogue; mais le premier est de beaucoup préférable, en raison du peu d'attachement et de la férocité du Dogue. Le Mâtin est plus doux, plus fidèle et plus éducable, et il ne le cède en rien au Dogue pour la force et la vigilance. On doit l'habituer de bonne heure à supporter la chaîne, en le laissant d'abord à l'attache pendant deux ou trois heures, puis plus longtemps, puis, enfin, tout le jour. On lâche toujours ces chiens pendant la nuit, pour qu'ils veillent sur les bâtiments confiés à leur garde; mais il faut toujours, en outre, les laisser en liberté au moins pendant une heure dans le milieu de la journée, afin qu'ils puissent prendre un peu d'exercice et satisfaire leurs besoins. La niche du chien de garde devra être placée à l'abri des vents froids et de l'humidité; elle devra également être abritée contre le soleil du midi; l'exposition du levant est la meilleure. La paille de sa loge devra être renouvelée au moins tous les quinze jours, et la vieille brûlée, pour détruire les insectes parasites.

Le chien que l'on tient constamment à l'attache devient méchant, et, si on l'enchaîne trop jeune, il se développe mal et devient mauvais gardien; ce n'est qu'à l'âge de deux ans qu'il pourra, sans trop d'inconvénient, supporter cette captivité.

Le chien de garde, surtout lorsque c'est un Mâtin de forte taille, doit recevoir une nourriture en rapport avec sa taille et son âge; mais, comme il prend fort peu d'exercice, il est toujours très-échauffé; il faudra donc lui donner des aliments rafraîchissants, des légumes, du pain de seigle, et mettre à sa portée de l'eau toujours fraîche.

L'éducation du Mâtin est facile; on peut dire qu'il s'instruit tout seul et qu'il comprend d'instinct le rôle qu'on lui destine. Il est surtout important d'habituer le chien à n'accepter aucune nourriture de toute autre main que celle de son maître ou de celui qui le soigne habituellement; sans quoi il pourrait se laisser séduire par l'appât d'un bon morceau ou même avaler des boulettes empoisonnées qui lui seraient jetées dans un but criminel. Il faut aussi qu'il reconnaisse non-seulement la voix de son maître, mais encore celle de tous les gens de la maison, qui peuvent avoir besoin, la nuit, de traverser la cour ou le jardin où il se trouve en liberté.

LIVRE III

MALADIES DU CHIEN ET LEUR TRAITEMENT.

CHAPITRE PREMIER.

Le Squelette et les Dents; âge du chien. — Le Système musculaire. — Le Cerveau et le Système nerveux. — L'Appareil digestif. — Le Cœur et les Poumons. — La Peau.

Nous ne pouvons donner ici une description anatomique détaillée des organes internes du chien, ni faire une étude minutieuse de son économie animale; il nous suffira de dire qu'il y a beaucoup d'analogie entre la structure anatomique de l'homme et celle du chien, et nous ne parlerons ici que des particularités qui les distinguent.

Le squelette du chien et celui du cheval, comme

celui de tous les animaux remarquables par leur vitesse, offrent une forme particulière de la poitrine qui mérite d'être remarquée. Le principe de la construction du *thorax,* — comme on appelle scientifiquement cette partie du corps — est celui de la dilatation et de la contraction au moyen desquelles sa capacité est augmentée ou diminuée, de manière à y donner accès à l'air ou à l'en expulser. Chez l'homme, le mécanisme s'opère par le devant de la poitrine, qui s'élève et retombe et par ce moyen augmente de diamètre d'avant en arrière, tandis que chez le chien, le cheval, le cerf, la dilatation se fait transversalement, d'un côté à l'autre, les côtes étant en forme de faux et agissant latéralement comme les opercules qui couvrent les ouïes des poissons.

De là résulte souvent qu'un chien ou un cheval à poitrine étroite peut avoir plus de souffle qu'un autre qui aura le coffre rond comme un baril, parce qu'il sera plus apte à changer rapidement la capacité de sa poitrine, et par conséquent à inspirer et à expirer dans un temps donné un plus grand volume d'air; tandis que le second, ayant déjà la poitrine à son plus grand degré d'expansion, peut bien la contracter mais non la dilater davantage. D'un autre côté une poitrine trop étroite pourra bien se dilater rapidement; mais elle ne pourra se contracter au delà de ses limites naturelles. La plus avantageuse sera donc une poitrine d'un diamètre transversal moyen, qui pourra jouir d'une dilatation et d'une contraction régulières, et qui, en outre, permettra plus facilement le jeu des omoplates de chaque côté. Ces faits devront être pris en considération dans le choix de la meilleure forme, en vue de la rapidité et de la ténacité.

La grosseur des os contribue à la force des membres, et les chiens courants surtout, qui ont des chocs à soutenir et des efforts continuels à faire pour traverser les fourrés et les clôtures de toutes sortes, ont besoin de membres vigoureux et de jointures solides. Cependant, des membres massifs nuisent à la vitesse, et si le chien a été exercé dès sa jeunesse, ses os, quoique petits, seront solides et les jointures seront unies par des ligaments robustes.

Le chien n'a pas de clavicule, de sorte que ses membres antérieurs ne sont attachés au corps que par des muscles. Le principal faisceau de fibres musculaires a la forme d'une large écharpe qui s'attache en haut, au bord de l'omoplate ou os de l'épaule, et en bas, aux côtes, près de leur extrémité. Les membres antérieurs sont aussi mus en arrière par des muscles solides, fixés à l'épine dorsale, et, en avant, par d'autres, attachés au cou, de sorte que, à la volonté de l'animal, ils jouent librement dans toutes les directions.

SQUELETTE DU CHIEN.

TÊTE.

1. Os intermaxillaire.
2. Os nasal.
3. Mâchoire supérieure.
4. Os lacrymal.
5. Os zygomatique.
6. Orbite.
7. Os frontal.
8. Os pariétal.
9. 9. Os occipital.
10. 10. Os temporal.
11. 11. 11. Mâchoire inférieure.

12. 12. Les sept dents molaires de la mâchoire inférieure.
13. 13. Les six dents molaires de la mâchoire supérieure.
14. Dents canines supérieures et inférieures.
15. Les trois dents incisives de la mâchoire supérieure.
16. Les trois dents incisives de la mâchoire inférieure.

TRONC.

a. a. Ligament de la nuque.
1 à VII. Les sept vertèbres cervicales.
13. Les treize vertèbres dorsales.
7. Les sept vertèbres lombaires.
21. Os sacrum ou du croupion.
22. Les vingt vertèbres caudales.

23. Os innominé gauche.
24. — droit.
Les neufs vraies côtes avec leurs cartilages.
Les quatre fausses côtes avec leurs cartilages.
O. O. Le sternum.

MEMBRE ANTÉRIEUR GAUCHE.

1. Omoplate, ou os de l'épaule.
2. Humérus, ou os du bras.
3. Radius, ou os extérieur de l'avant-bras.
4. Coude ou olécrane du cubitus.
7. Os pisiforme.
10. Os métacarpien du 3e doigt.
11. — du 4e doigt.

12. Os métacarpien du 5e doigt.
13. Premières phalanges du pied de devant.
14. Secondes phalanges du pied de devant.
15. Troisièmes phalanges du pied de devant.
16. Os scaphoïde.

MEMBRE ANTÉRIEUR DROIT.

1. Radius.
2. Cubitus.

3. Os triquètre ou triangulaire.
5. Os semi-lunaire.

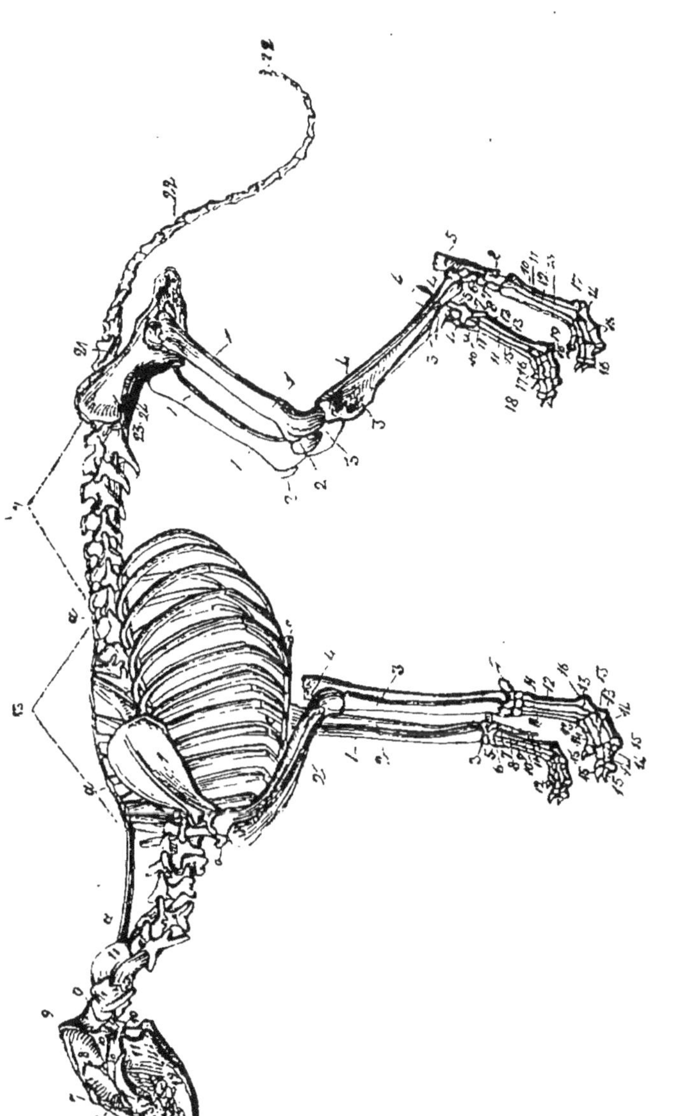

FIG. 82. — SQUELETTE DU CHIEN.

6. Os grand multangulaire.
7. Os petit multangulaire.
8. Os métacarpien du pouce.
9. Les 4 os métacarpiens des doigts.

10. Première phalange du pouce.
11. Troisième phalange du pouce.
12. Phalanges des quatre doigts.

MEMBRE POSTÉRIEUR GAUCHE.

1. Fémur, ou os de la cuisse.
2. Rotule, ou os du genou.
3. Tibia, ou os externe de la jambe.
4. Péroné, ou os interne de la jambe.
5. Calcaneum, ou os du talon.
6. Astragale, un des sept os du tarse.
7. Os scaphoïde ou naviculaire.
8. Os cuboïde.
9. Os cunéiforme.
10. Os métatarsien du 4e doigt.

11. Os métatarsien du 3e doigt.
12.   —   du 2e —
13.   —   du 1er —
14. Premières phalanges des doigts du pied.
15. Deuxièmes phalanges des doigts du pied.
16. Troisièmes phalanges des doigts du pied.
17. Os sesamoïde.

MEMBRE POSTÉRIEUR DROIT.

1. Fémur, ou os de la cuisse.
2. Rotule, ou os du genou.
3. Tibia.
4. Calcanéum, ou os du talon.
5. Astragale.
7. Os scaphoïde.
8. Os cunéiforme 1er et médium.
9. Os cuboïde.
10. Os cunéiforme 3e et maximum.
11.   —   2e et minimum.

12. Os métatarsiens.
13.   —   du 1er doigt.
14.   —   du 2e —
15.   —   du 3e —
16. Premières phalanges des doigts du pied.
17. Deuxièmes phalanges des doigts du pied.
18. Troisièmes phalanges des doigts du pied.

Le chien adulte possède quarante-deux dents, ainsi disposées : incisives $\frac{3-3}{3-3}$, canines $\frac{1-1}{1-1}$, molaires $\frac{6-6}{7-7}$, en tout vingt à la mâchoire supérieure et vingt-deux à la mâchoire inférieure.

Les *incisives* sont au nombre de douze, dont six à chaque mâchoire. Celles du milieu s'appellent pinces, celles qui viennent après, de chaque côté, mitoyennes,

et les dernières coins. Les pinces sont plus grandes
que les autres, et les supérieures sont toujours plus
fortes que les inférieures. Les dents incisives offrent
une forme remarquable; leur bord tranchant est
divisé en trois lobes dont la réunion représente assez
bien un trèfle ou une *fleur de lis* (fig. 83). — Après
celles-ci viennent
les *canines* ou crocs,
au nombre de qua-
tre, une de chaque
côté. Elles sont
longues et poin-
tues ; les supé-
rieures plus fortes
que les inférieures.
— Puis viennent
les *molaires* ou mâ-
chelières, au nom-
bre de vingt-six,
douze à la mâchoire

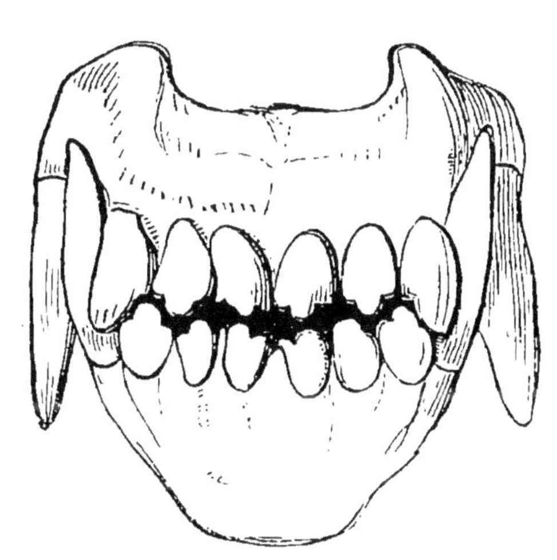

supérieure et quatorze à l'inférieure. Les trois premières
molaires en haut et les quatre premières en bas, de
chaque côté, sont étroites et coupantes; on les nomme
fausses molaires; la suivante de chaque côté, en haut
et en bas, offre deux lobes tranchants, c'est la carnas-
sière; les deux dernières de chaque côté sont à couronne plate; ce sont les vraies molaires.

Le chien naît avec toutes ses dents de lait; celles-
ci sont remplacées dans l'espace de six à huit mois;
les pinces et les mitoyennes tombent les premières,

puis les fausses molaires. C'est aux dents que l'on reconnaît généralement l'âge du chien. Jusqu'à deux ans les dents sont blanches et tranchantes, et les incisives ont la fleur de lis bien marquée (fig. 83). A deux ans, les pinces inférieures rasent, c'est-à-dire que les lobes disparaissent (fig. 84). — De deux ans et demi à trois ans, les mitoyennes inférieures rasent et les pinces supérieures commencent à s'user (fig. 85). — De trois ans et demi à quatre ans, les pinces supérieures rasent, et les incisives et les crocs perdent leur blancheur. — De quatre à cinq ans les mitoyennes et les coins s'émoussent et

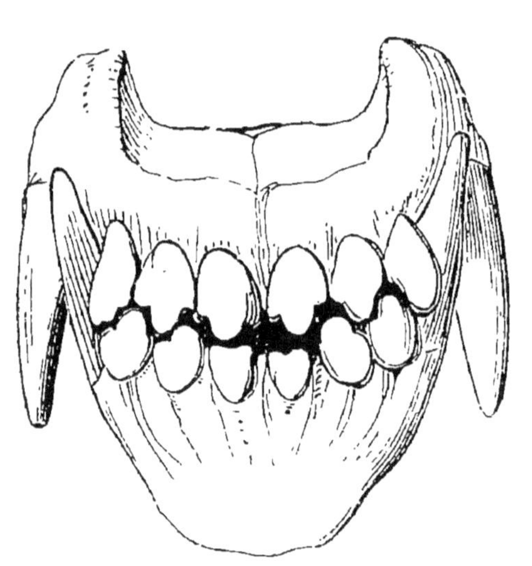

les dents jaunissent (fig. 86). — A six ans, les dents ne fournissent plus d'indices certains : elles deviennent de plus en plus mousses et inégales et prennent une teinte noirâtre. Il faut remarquer, cependant, que l'usure des dents est plus ou moins rapide suivant le genre de nourriture des chiens; ainsi, il est bien évident que celui qui ne mange que des soupes et des pâtées conservera sa dentition intacte bien plus longtemps que celui qui broie beaucoup d'os.

Quelques autres signes décèlent l'âge du chien : de cinq à six ans, le poil commence à blanchir sur le museau, puis autour des yeux et bientôt la teinte grise s'étend sur toute la face. A sept ans, le chien commence à marcher sur le talon ; il lui vient ensuite de la callosité à la pointe des jarrets ; les ongles creux et plats s'allongent et font le demi-cercle comme ceux d'un blaireau ; les yeux perdent leur lustre, et lorsque la vue devient trouble, l'animal décline rapidement.

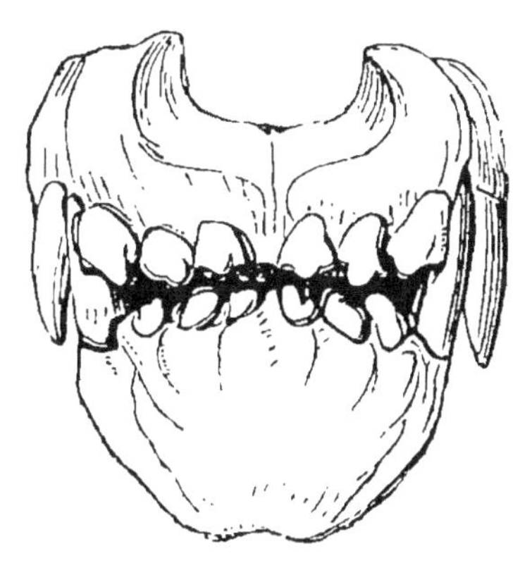

FIG. 85. — DENTITION, TROISIÈME AGE.

Le chien vit de douze à quatorze ans, rarement plus, bien qu'on en ait vu atteindre dix-huit et vingt ans.

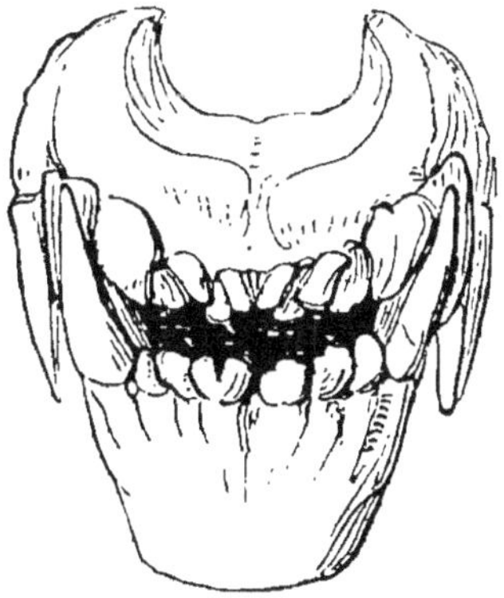

Les pieds de devant ont cinq doigts et ceux de derrière quatre, tous munis d'ongles robustes non rétractiles. Le doigt interne des pieds de devant est plus ou moins rudimentaire et porte le nom de *ergot* ; les pieds de derrière portent parfois aussi un ergot encore plus rudimentaire et

FIG. 86. — DENTITION, QUATRIÈME AGE.

qui n'offre pas d'os ; on l'enlève souvent aux jeunes chiens (Voyez p. 200).

Le cerveau et le système nerveux. — Le système nerveux est largement développé chez le chien, et son intelligence est, comme l'on sait, supérieure à celle de tous les autres animaux. Sa sensibilité nerveuse est très-grande, surtout dans certaines races où l'on a choisi pour perpétuer [ses qualités des individus présentant cette sensibilité nerveuse très-développée, comme certains chiens de chasse. Ces animaux sont très-intelligents et très-éducables, mais aussi particulièrement sujets aux affections nerveuses (convulsions, chorée, etc.).

En tout temps la sensibilité est très-grande chez le chien; mais elle paraît doublée lorsque cet animal est malade, et dans ce cas, un traitement doux calme souvent ses maux, tandis que des manières brusques et dures exaspèrent ses souffrances et lui donnent même parfois des convulsions, tant son irritabilité devient grande.

L'appareil digestif. — L'estomac du chien est très-puissant et dissout même les os; mais il est aussi très-sujet à diverses maladies, et le trouble le plus léger lui fait rejeter son contenu. Le vomissement paraît même être souvent un effet naturel chez le chien, plutôt que provoqué par une condition maladive; car il le produit volontairement en avalant de l'herbe.

Les organes digestifs du chien ressemblent beaucoup à ceux de l'homme, et les maladies qui les affectent sont à peu près les mêmes, sous le rapport de leurs causes, de leurs symptômes et de leurs effets; ce qui doit d'autant moins étonner si l'on considère que, outre leur ressemblance anatomique, la domesticité complète à laquelle ces animaux sont soumis leur impose une vie tout artificielle et dans beaucoup de circonstances des habitudes contraires aux lois de l'hygiène. Cependant, malgré cette analogie entre les organes digestifs de l'homme et ceux du chien et les maladies qui les affectent, il en est qui lui sont entièrement particulières, et quelques médicaments ont des effets très-différents sur les hommes et les chiens. Ainsi, par exemple, une dose d'aloës qui sera fatale à un homme ne produira que peu d'effet sur un chien, tandis que la quantité de strychnine que peut sans danger supporter un homme, suffira pour faire périr un fort chien. En outre, les effets que produisent certains médicaments sur l'estomac du chien ou sur celui des autres animaux domestiques offrent des contrastes encore plus marqués.

Le cœur et les poumons n'offrent rien de particulièrement remarquable, mais les vaisseaux sanguins sont d'une élasticité si grande, qu'ils se contractent rapidement lorsqu'ils sont divisés et donnent rarement lieu à une hémorrhagie fatale.

La peau. — C'est une croyance généralement répandue, que le chien ne sue jamais; c'est là une erreur, et l'on peut s'assurer sur un chien à poils ras que lorsqu'il vient de fournir une course rapide, surtout en été, sa peau est au moins moite. Quoi qu'il en soit, le chien transpire à peine, mais lorsqu'il court, sa langue pend hors de la bouche et sa salivation est abondante. En allongeant ainsi la langue hors de la bouche, il favorise l'évaporation par toute la surface de cet organe. Cette sécrétion abondante des glandes salivaires, jointe à l'évaporation de la langue, explique jusqu'à un certain point l'action très-lente des glandules sudorifiques, et c'est pour cette raison que, lorsqu'il est échauffé, le chien peut se jeter à l'eau sans en être incommodé.

CHAPITRE II.

Les Altérants. — On donne le nom d'altérants à des médicaments à longue portée, qui, sans produire des effets immédiats sensibles, modifient d'une manière persistante la nature du sang et des humeurs diverses.

La plupart des substances qui composent cette classe sont des poisons énergiques qu'on ne doit employer qu'à dose très-faible. C'est dans les maladies chroniques que les altérants réussissent surtout. Les plus employés sont les sels de mercure (chlorures, iodures, cyanures), les préparations arsénicales, les iodures, l'huile de foie de morue, la ciguë, l'hellé-bore, etc.

Les Antispasmodiques. — On donne ce nom aux médicaments qui exercent sur le système nerveux une influence spécifique tendant à faire cesser le trouble de ses fonctions et à calmer les contractions musculaires désordonnées, connues sous le nom de spasmes. On emploie surtout dans la pathologie canine l'éther, le camphre, l'opium, l'essence de térébenthine et les divers narcotiques.

Les Anthelmintiques. — Médicaments destinés à débarrasser l'estomac ou les intestins des vers qui y séjournent, soit qu'ils agissent comme poison sur les vers eux-mêmes, soit qu'en irritant les organes, ils provoquent leur évacuation. Tels sont les purgatifs en général, le calomel, l'huile de castor, l'huile volatile de térébenthine, le semencontra, l'ail, l'absinthe, etc.

Contre le ténia en particulier, on emploie le kousso, l'huile de térébenthine, l'écorce de racine de grenadier, l'huile de fougère mâle.

Les Antiphlogistiques. — On comprend sous le nom de médication antiphlogistique l'ensemble des moyens propres à combattre les inflammations. Ces moyens sont principalement les saignées, les émollients et les tempérants (Voyez ces mots).

Les Antipsoriques. — Médicaments employés contre les maladies parasitaires et principalement celles de la peau. On reconnaît aujourd'hui que presque toutes ces maladies sont déterminées par l'existence d'êtres parasites, animaux ou végétaux: telles sont la gale, la teigne, etc.

Les différentes préparations de soufre, les mercuriaux, les arsénicaux, les bromures et les iodures sont principalement employés contre ces maladies.

Les Astringents. — Ce sont des substances qui ont

pour propriété de déterminer, le resserrement des tissus sur lesquels on les met en contact; on les emploie à l'extérieur contre les ulcères cutanés, les plaies, les brûlures, contusions, etc.; à l'intérieur pour combattre les diarrhées, les hémorrhagies, etc. Les principaux astringents sont les acétate et carbonate de plomb, l'alun, le tannin, le cachou, le sulfate et le chlorure de zinc, les acides étendus d'eau, la noix de galle, etc.

Les Bains. — Les bains chauds ou froids produisent, dans beaucoup de circonstances, d'excellents effets sur les chiens. Le bain chaud (28 à 32° cent.) est employé avec succès dans les inflammations, particulièrement celle des intestins, dans les rhumatismes, les constipations opiniâtres, dans les parts difficiles, dans les convulsions, les spasmes, les rétentions d'urine, etc. La durée du bain ne doit pas dépasser quinze à vingt minutes, et il faut avoir soin d'éviter en retirant le chien de l'eau, qu'il ait froid; on le frottera d'abord, pour le sécher, avec des linges bien secs, puis on le mettra dans un panier garni de linge, enveloppé dans une couverture, où on le laissera jusqu'à ce qu'il soit entièrement sec.

Le bain froid est aussi très-utile dans certains cas, surtout dans les mouvements spasmodiques suites de la *maladie*, dans le rachitisme, les phlegmasies, etc.

Les Caustiques. — On donne ce nom à des agents qui désorganisent les parties du corps avec lesquelles on les met en contact. Ils sont employés pour établir des exutoires, arrêter les progrès d'affections gangréneuses, telles que la pustule maligne, pour détruire les cancers, les ulcères rongeants, pour ouvrir les abcès froids, pour cautériser les morsures ou piqûres des animaux venimeux. Les principaux caustiques sont : le feu, les alcalis caustiques, le nitrate d'argent ou pierre infernale, le beurre d'antimoine, la pâte de Vienne, etc.

Cordiaux. — Voyez Stimulants.

Les Diurétiques. — Médicaments augmentant la sécrétion et l'excrétion de l'urine et modifiant les qualités de ce liquide : nitre, bicarbonate de soude, camomille, etc.

Embrocations. — Mode d'application qui consiste à imbiber d'un liquide des compresses, des morceaux de flanelle, des éponges ou toute autre matière susceptible de s'en imprégner, et à les mettre en contact, pendant un temps plus ou moins long, avec une région extérieure et circonscrite du corps.

Les embrocations sont très-employées pour le chien dans les cas d'efforts, d'inflammation musculaire, de rhumatisme chronique, etc.

Les Émollients. — Médicaments qui, en relâchant les tissus des organes internes ou externes avec lesquels on les met en contact, diminuent leur tonicité et émoussent leur sensibilité. Ils tempèrent et relâchent les tissus. On les emploie dans toutes les maladies aiguës.

Les principaux émollients sont : la gomme arabique, les fécules, les mauves et la guimauve, le lin, l'orge, le chiendent, le gruau, le miel, le lait, les bains tièdes, etc.

Évacuants. — Voyez Purgatifs et Vomitifs.

Les Expectorants sont des médicaments qui exercent une action particulière sur la muqueuse des poumons et facilitent l'expulsion des matières contenues dans les bronches. Tels sont : les baumes, les bourgeons de sapin et de peuplier, l'eau de goudron, le lierre terrestre, le polygala, etc.

Les Fébrifuges. — Médicaments qui guérissent la fièvre. Les sels de quinine et surtout le sulfate de quinine sont les véritables spécifiques de la fièvre.

D'autres médicaments réduisent la fièvre en augmentant les sécrétions de l'urine et de la transpiration et en amoindrissant l'action du cœur. Tels sont : le nitre, le calomel, la digitale, etc.

Lavements. — On donne ce nom aux différents liquides destinés à être mis en contact avec la muqueuse intestinale (recto-colique). Ces liquides, de nature variée, sont injectés au moyen d'une seringue, ordinairement tièdes et à la dose de 350 à

500 grammes. Les lavements sont très-utiles pour le chien qui souffre fréquemment de constipations rebelles. Dans ce cas, un demi-litre d'eau chaude dans laquelle on fera dissoudre un peu de savon jaune produira l'effet désirable.

Lorsqu'il s'agit de lavements médicamenteux, il faut les faire précéder de l'administration d'un lavement simple afin de débarrasser l'intestin des matières qu'il peut contenir.

Onguents. — Médicaments officinaux généralement composés d'un corps gras (axonge) uni à diverses substances qui peuvent être ainsi appliquées en pommades sur les différentes parties du corps. On s'en sert particulièrement pour le pansement des plaies ou pour les onctions dans les maladies parasitaires.

Les Purgatifs sont des médicaments qui donnent lieu à des évacuations alvines, soit en irritant la membrane muqueuse intestinale et y déterminant des excrétions, soit en troublant les mouvements naturels des intestins et provoquant l'expulsion des matières qui s'y trouvent contenues.

Les purgatifs les plus employés pour le chien, sont : l'aloès, le jalap, le calomel, l'huile de ricin, la rhubarbe, qui agissent plus ou moins sur le foie, et le sulfate de magnésie ou le sulfate de soude, l'huile de castor, l'huile de croton, qui agissent directement sur les intestins. On emploie souvent aussi le sirop de Nerprun, mais ce dernier agent est très-peu actif.

Médication révulsive. — On donne le nom de révulsion à toute action, modification ou travail provoqués vers un lieu plus ou moins éloigné d'un organe malade, dans le but d'y attirer l'influx morbide et de favoriser ainsi la guérison. — On divise les révulsifs en : 1º *Rubéfiants,* médicaments qui, appliqués sur la peau, y déterminent la rougeur et les autres symptômes de l'inflammation : les acides et l'ammoniaque affaiblis, la moutarde, le savon noir, la térébenthine 2º *Épispastiques,* qui irritent d'abord la peau comme les rubéfiants, puis y déterminent la formation de phlyctènes : vésicatoires ; 3º *Caustiques* (Voyez ce mot).

Saignée. — L'emploi des émissions sanguines est d'une grande efficacité dans la plupart des maladies aiguës et dans presque toutes les inflammations des membranes.

Les Stimulants. — Les médicaments stimulants ont pour effet d'augmenter l'énergie des fonctions vitales ; introduits dans la circulation, ils réagissent sur tous les organes et mettent en jeu toutes les puissances du système nerveux. Ils manifestent surtout leur puissance contre des maladies aiguës qui menacent ou qui commencent. L'alcool, le vin, les éthers, les menthes, la plupart des huiles essentielles sont des stimulants. On leur donne aussi le nom de cordiaux.

Les Styptiques sont des astringents puissants, qui, en resserrant les parois des vaisseaux sur les fluides qui y sont contenus, arrêtent les hémorrhagies internes ou externes. Tels sont : l'acétate de plomb, le perchlorure de fer, les eaux hémostatiques, etc.

Les Tempérants. — Les tempérants ou atoniques sont des médicaments qui modèrent la trop grande activité des organes en ralentissant la circulation et diminuant la production de la chaleur animale. Tels sont les bains tièdes, les limonades, les fruits acides, l'oseille, etc.

Les Toniques. — Médicaments qui, par une action locale, provoquent l'afflux du sang dans les vaisseaux voisins du lieu de leur application et augmentent par là l'énergie des organes. Les sels de quinine, les amers (houblon, gentiane, chicorée), les composés du fer (carbonate, nitrate, phosphate, lactate), etc., sont les toniques les plus usités.

Vermifuges. — Voyez ANTHELMINTIQUES.

Les Vomitifs. — Médicaments qui provoquent le vomissement en irritant la membrane de l'estomac. L'émétique est un des vomitifs les plus commodes et les plus employés, mais il faut l'utiliser avec prudence.

Il n'est souvent pas facile de faire prendre une médecine à un chien. D'abord, parce que son estomac est particulièrement irritable et tellement soumis à sa volonté, que beaucoup de chiens peuvent vomir presque sans effort, et lorsqu'il leur plaît. Il est donc nécessaire

non-seulement de faire ingurgiter la substance médi-
camenteuse, mais encore d'assurer sa conservation
jusqu'à ce qu'elle ait pu produire son effet. Pour cela,
il faut maintenir la tête du chien élevée, parce qu'il
ne peut vomir qu'en la baissant et en mettant le nez
à terre. Si l'on traite un petit chien ou un animal d'un
caractère très-doux, on pourra lui maintenir la tête
levée simplement avec la main ; mais si l'on a affaire
à un chien de forte taille ou d'un caractère difficile,
on lui maintiendra la tête haute au moyen d'une muselière garnie d'un anneau qui s'accrochera au mur.

Les effets que produisent les remèdes sur le chien
sont à très peu près les mêmes que chez l'homme ; de
sorte que celui qui saura se traiter lui-même en cas de
maladie pourra parfaitement utiliser ses connaissances
à soulager le chien. Il devra se rappeler, cependant,
que quelques médicaments ont une action bien différente sur l'organisme de l'homme et sur celui du
chien ; ainsi le laudanum, qui est une drogue dangereuse dans la médecine humaine, est rarement fatal au
chien dont il faut tripler la dose pour obtenir des effets
analogues. Le calomel, au contraire, produit sur le
chien des effets beaucoup plus puissants que sur
l'homme, et il faudra en diminuer la dose.

C'est presque toujours sous la forme liquide que l'on
doit administrer les médicaments au chien. La meilleure manière pour y parvenir est de placer l'animal,
posé sur ses extrémités postérieures, entre les jambes
d'une personne assise, et le dos tourné vers la personne, — ou tenu sur les genoux, si c'est un petit

chien, — on lui tiendra la tête élevée et penchée un peu de côté ; en maintenant rapprochées l'une contre l'autre les lèvres du côté le plus bas, avec une main, tandis que de l'autre, on écartera la lèvre inférieure du côté opposé en la soulevant et lui faisant faire ainsi l'office d'un entonnoir, dans lequel une autre personne versera le liquide par cuillerée, et jamais plus à la fois, de crainte de suffocation. Il est nécessaire de maintenir la gueule fermée, pour obliger le chien à avaler ce qu'il a dans la bouche. Si c'est une substance solide, bol ou pilule, que l'on administre, il faudra ouvrir la bouche toute grande, et pousser le médicament dans la gorge avec adresse ; on tiendra alors la bouche fermée jusqu'à ce que l'on soit sûr que le médicament est dégluti. Lorsqu'un de ces animaux est trop fort ou trop méchant pour qu'une seule personne en puisse venir à bout, une seconde aidera. Dans ce cas, on se servira avantageusement d'une forte pièce de ruban de fil placée en arrière des dents canines de chaque mâchoire pour maintenir la bouche ouverte.

Les médicaments sans goût et sans odeur comme les mercuriaux, les antimoniaux, etc., peuvent être mélangés dans les aliments ; mais il faut les masquer avec soin, car si le chien s'aperçoit de la supercherie, il refusera pendant longtemps toute espèce de nourriture.

Lorsque les chiens sont malades, il faut leur apporter beaucoup de soins et d'attentions pour qu'ils puissent recouvrer la santé, ce que l'on néglige trop souvent de faire. La chaleur leur paraît surtout nécessaire, et beaucoup de leurs maladies sont accompagnées de convulsions lorsqu'ils sont exposés au froid. La propreté et le changement fréquent de litière leur sont indispensables, surtout dans les cas de putridité, comme dans la *maladie*. Les affections purement inflammatoires doivent être traitées par l'abstinence, mais celles accompagnées de faiblesse le seront par des aliments nutritifs.

Si l'on a à faire quelque opération douloureuse sur un chien, il faut se garantir de ses dents et l'assujettir par une muselière de cuir ou mieux encore par un bâillon, ou morceau de bois placé en travers de la gueule. On le fixe au moyen d'un cordon ou ruban de fil, lequel, après avoir fait un ou deux tours sur les mâchoires, se croise sous la gorge et vient se rattacher par ses bouts sur le cou. Le bâillon est préférable à la muselière parce qu'il laisse la respiration plus libre, et que ses extrémités qui dépassent la gueule servent à maintenir l'animal. Les pattes peuvent être réunies par deux ou toutes les quatre, suivant la nécessité, par des cordons.

Si l'opérateur a occasion de revoir souvent le chien, il faut lui couvrir les yeux avant l'opération, afin qu'il ne le reconnaisse pas comme celui qui l'a fait souffrir, et dans la crainte qu'il ne cherche à se venger des douleurs qu'il a éprouvées.

CHAPITRE III.

Pour qui connaît son chien, l'état de maladie devient
évident dès qu'il existe. Son poil devient sec et se
hérisse ; son nez est sec et chaud, et c'est là surtout
un des symptômes auxquels on se trompe le moins.
Lorsqu'il y a de la fièvre, les yeux deviennent rouges
et enflammés ainsi que le dedans de la gueule. La respiration est accélérée, le pouls vif et saccadé. L'état
de maladie influe en outre sur son caractère ; s'il est
triste, abattu, paresseux, s'il ne mange pas ou boit
trop souvent, surveillez-le.

Nous avons cru devoir adopter l'ordre alphabétique,
comme étant celui qui facilite le plus les recherches,
et comme étant plus commode à consulter qu'un traité
méthodique groupant les maladies par familles et par
genres, et qui exige déjà de certaines connaissances
médicales que possèdent seuls les gens du métier.

Abcès. — On appelle ainsi une tumeur plus ou
moins chaude, plus ou moins volumineuse, qui se termine par suppuration. L'abcès se développe toujours
sous l'influence d'une inflammation dont les causes,

aussi nombreuses que diverses, ne sont pas toujours
bien appréciables. Les plus habituelles sont : une contusion, une carie voisine, une déchirure musculaire à
la suite de violents efforts, la gourme, etc. Quelle que
soit la cause qui ait déterminé l'inflammation, le développement et la marche de l'abcès sont toujours les
mêmes. C'est d'abord une tumeur chaude, tendue,
douloureuse, peu saillante dans le principe, mais qui
grossit peu à peu et finit parfois par devenir volumineuse. Généralement le développement de l'abcès,
dans quelque partie du corps qu'il soit situé, est
accompagné de douleurs intenses, et le chien manifeste sa souffrance par des cris, de l'agitation. Abandonné à lui-même, l'abcès mûrit et augmente de
volume ; la peau devient plus mince et l'on sent sous
le doigt la fluctuation du pus qui remplit la cavité de
la tumeur. Puis, lorsque l'abcès est arrivé à complète
maturité, la peau devient violacée, et se crève pour
donner passage au liquide.

Lorsque l'abcès est superficiel, le traitement est
facile : il consiste à diminuer l'inflammation et à favoriser l'évacuation du pus le plus promptement possible. Dans ce but, on fera prendre au chien des bains
tièdes, et l'on appliquera des cataplasmes émollients,
mucilagineux, de farine de lin, ou de mauves cuites.
Puis, pour hâter la maturation du pus, on appliquera
un emplâtre d'onguent de la mère. Dès que se fera
sentir sous le doigt la fluctuation du pus, on ouvrira
la tumeur avec le bistouri, et l'on pressera doucement
avec les doigts pour en faire sortir tout le liquide. On

lavera avec soin l'intérieur du foyer purulent dans lequel on introduira un peu de filasse douce, propre et sèche, une ou deux fois par jour, et renouvelée avec quelques onctions d'onguent populéum ou d'huile camphrée. Lorsqu'il n'y aura plus trace de suppuration, on laissera la plaie vide en la recouvrant d'un emplâtre d'onguent basilicum. Pendant ce traitement, le chien doit être soumis à une demi-diète et à des boissons délayantes.

Acné. — On donne ce nom à une inflammation des follicules sébacés, caractérisée par de petites pustules isolées, rouges, qui se montrent d'abord sur le ventre et la poitrine, et gagnent ensuite le reste du corps. Cette éruption est accompagnée de démangeaisons violentes, à en juger par l'ardeur avec laquelle le chien se gratte, et se met parfois en sang avec ses ongles. Les pustules disparaissent pour faire place à de petites indurations qui se dessèchent et tombent en laissant de petites cicatrices violettes.

Il faut traiter l'acné par des bains de son, suivis de frictions avec la teinture d'iode. Si l'affection persiste, on aura recours aux lotions de sublimé corrosif : on fait dissoudre 1 gramme de sublimé dans 300 grammes d'eau et on lotionne avec cette solution la peau partout où elle est malade, en renouvelant l'opération jusqu'à entière guérison.

Aggravée. — Maladie du pied qui survient aux chiens lorsqu'ils ont couru longtemps sur un terrain dur et caillouteux échauffé par le soleil. La plante des pieds s'use et se crevasse, les pattes deviennent douloureuses, chaudes et tuméfiées; le chien a les jambes roides, il ne peut se tenir debout et se plaint lorsqu'il est forcé de marcher. Cette maladie est souvent accompagnée de fièvre; mais elle devient rarement sérieuse, à moins que d'autres organes soient en même temps affectés. Lorsque le mal est léger, le meilleur remède est le repos; la nature a en outre pourvu le chien d'un baume efficace, il lèche ses pattes, et bientôt l'inflammation et la douleur cessent. On peut encore envelopper les pattes avec des compresses imbibées d'eau-de-vie camphrée. L'acétate de plomb convient aussi, mais il faut alors mettre le chien dans l'impossibilité de se lécher.

Lorsque les accidents sont plus graves et qu'il se forme des abcès, il faut appliquer le traitement que nous avons indiqué plus haut.

Albugo. — L'albugo (de *albus*, blanc) consiste dans une taie blanche qui se forme sur la cornée de l'œil. Cette affection provient le plus souvent d'une offense extérieure; elle n'est jamais bien grave et n'empêche pas le chien de voir, à moins qu'elle ne soit très-étendue et placée sur la pupille. L'albugo, abandonné à lui-même, peut durer des semaines, même des mois; mais presque toujours il finit par se résoudre peu à peu. Cependant il vaut toujours mieux y remédier dès le début. On emploie les collyres astringents, tels que : sulfate de zinc, 25 centigrammes;

dissous dans infusion de sureau, 100 grammes.

On peut remplacer l'infusion de sureau par celle de plantain. On obtient également de bons effets d'une solution d'acétate de plomb liquide, 6 gouttes dans eau de plantain, 200 grammes.

Amaurose. — L'amaurose ou goutte sereine est beaucoup plus grave; c'est une paralysie des divers organes de l'appareil de la vision qui entraîne l'affaiblissement ou la perte totale de la vue. Les causes les plus ordinaires de l'amaurose sont : les coups sur la tête, les blessures de l'œil, un grand refroidissement subit ou une insolation prolongée. L'amaurose peut être simple ou double, c'est-à-dire attaquer un seul œil ou tous les deux. Les symptômes ordinaires de l'amaurose sont les troubles variés de la vision et l'immobilité constante de l'iris. Si l'amaurose est double, le chien est aveugle ou à peu près; il a le regard fixe et ne marche qu'avec lenteur en s'efforçant d'éviter les obstacles.

Les progrès de cette maladie sont ordinairement très-lents, de sorte qu'on ne la reconnaît souvent que lorsque la vue est déjà très-affaiblie; et le mal est alors sans remède. Lorsqu'on la découvre à temps, on emploie d'abord les purgatifs, puis les lotions astringentes, les vésicatoires volants près de l'œil.

Amputation de la queue et des oreilles. — Nous avons déjà parlé de ces opérations (page 200) et indiqué les moyens de les pratiquer; nous ajouterons ici

que ces amputations ne doivent être faites que dans
les cas d'utilité réelle; car cette mutilation barbare, bien loin d'ajouter à la beauté, défigure les
ouvrages de la nature qui n'a rien fait en vain.

Ampoules, phlyctènes. — On désigne sous le nom
d'ampoules ou de phlyctènes, des élevures plus ou
moins transparentes qui se manifestent sur l'épiderme
ou sur la membrane qui tapisse la cavité buccale des
animaux. Ces vésicules sont de volume variable et
contiennent un liquide clair comme de l'eau et plus
ou moins âcre. Les ampoules et les phlyctènes ne sont
que les symptômes matériels d'affections spéciales;
leur traitement est donc celui des maladies qu'elles
expriment.

Anémie. — Défaut de sang, pauvreté du sang, qui
entraîne une faiblesse générale, le dépérissement de
l'animal. L'anémie peut avoir pour causes : une nourriture de mauvaise qualité ou insuffisante; un logement insalubre, humide et froid; des hémorrhagies ou
des diarrhées abondantes; les suites d'une parturition
mal soignée, etc. — Les symptômes de l'anémie sont,
chez les chiens, le poil hérissé et terne, l'abattement,
l'essoufflement au bout du moindre exercice, le manque
d'appétit, des écoulements d'urine fréquents et abon-
dants.

La première chose à faire dans le traitement de
l'anémie est de faire disparaître la cause qui l'a produite, puis de renouveler le sang au moyen d'aliments

et de remèdes stimulants, d'amers, de ferrugineux.
La poudre de baies de genièvre mêlée aux aliments,
la rouille de fer à la dose de 4 à 5 grammes, le quinquina, la gentiane, etc., sont les médicaments les
plus avantageusement employés, joints à une alimentation généreuse.

Angine. — Ce mot, dérivé du latin *angere,* étrangler, suffoquer, désigne une affection inflammatoire
des voies respiratoires et digestives supérieures. Les
refroidissements, les changements brusques de température, les courants d'air, les eaux provenant de
neiges fondues bues à grands traits, sont les causes
les plus fréquentes de cette affection. Les symptômes
de la maladie s'accusent par de la tristesse, l'absence
d'appétit, le jetage de mucus par les narines; la
gueule est béante, le chien tousse et respire avec
difficulté, l'aboiement est rauque, mais non saccadé et
prolongé comme dans la rage. Néanmoins, comme
l'angine est un des symptômes les plus constants de la
rage, et que d'ailleurs toutes les affections des voies
respiratoires sont plus ou moins contagieuses, il importe tout d'abord de séparer le sujet malade d'avec
ses camarades.

Il est important de mettre le chien malade dans une
pièce à la fois chaude et bien aérée, avec une abondante litière dans laquelle il puisse être bien couché.
On pratiquera quelques saignées si le chien est pléthorique; et on lui donnera des boissons adoucissantes.
Si la toux est douloureuse et convulsive, on frictionnera

la gorge deux ou trois fois par jour avec la teinture d'opium, et l'on y appliquera un bon cataplasme de farine de lin. Sous l'empire de ce traitement, l'angine ne dure guère plus de huit ou dix jours; les symptômes diminuent, l'appétit revient et avec lui la gaieté.

Aphthes. — On donne ce nom à de petits ulcères superficiels qui viennent dans la bouche, au palais, aux gencives et surtout à la langue, avec accompagnement de chaleur brûlante. Les jeunes sujets y sont plus exposés que les adultes. L'échauffement, de grandes fatigues occasionnent souvent cette indisposition, dont le traitement, très-simple, consiste à lotionner les parties ulcérées au moyen d'un pinceau doux avec une légère dissolution d'alun dans de l'eau de mauves additionnée d'oximel. On touchera les points rebelles avec un crayon de sulfate de cuivre. Comme complément hygiénique on soumettra l'animal à une demi-diète, à un régime doux.

Ascite. — Voyez Hydropisie.

Asphyxie. — L'asphyxie est la cessation de la circulation et, par suite, la suspension des autres fonctions vitales. — On distingue différentes asphyxies, l'asphyxie par strangulation, celle par submersion, par manque d'air, par des gaz non respirables, etc. Le premier soin à prendre est naturellement d'éloigner le chien de la cause à laquelle est dû l'accident; puis on s'efforcera de rétablir la circulation, en insufflant de l'air dans les poumons, et en plaçant de l'ammoniaque sous le nez de l'animal ; en même temps on frictionnera vivement tout le corps et on administrera des lavements avec une décoction de tabac ou du sel de cuisine. Quelle que soit la cause de l'asphyxie, les moyens de la combattre sont toujours les mêmes, c'est-à-dire ceux que nous venons d'indiquer.

Avortement. — Expulsion avant terme, et avant qu'il soit viable, du produit de la conception.

Une foule de causes peuvent provoquer l'avortement : la faiblesse ou la mauvaise santé de la mère, une grande fatigue, des coups ou des violences, des maladies de la matrice, etc. Parfois l'avortement a lieu rapidement et sans aucun symptôme précurseur ; mais d'autres fois il constitue une véritable maladie. La chienne perd l'appétit, montre de l'inquiétude et gémit ; elle change constamment de place, comme si elle ne se trouvait bien nulle part ni dans aucune position. De la vulve s'écoule des matières muqueuses, puis, au bout d'un temps plus ou moins long, arrive l'expulsion du fœtus. Les soins à donner à la chienne pendant et après l'avortement sont les mêmes que ceux que réclame la parturition (voyez page 189).

L'avortement entraîne parfois des complications très-graves, telles que le renversement de la matrice, des inflammations, des hémorrhagies, qui nécessitent l'intervention d'un homme de l'art.

Blessure. — Voyez PLAIE.

Bronchite. — Inflammation des bronches. Affection assez commune chez les chiens, et qui provient, le plus souvent, d'un refroidissement subit, d'un logement humide, etc. Elle commence habituellement par une toux sèche et fréquente qui devient ensuite humide et grasse et est accompagnée d'un écoulement muqueux purulent. Outre la toux, qui dénote suffisamment l'affection, les autres symptômes sont : l'amoindrissement de l'appétit et de l'activité, les yeux injectés, la bouche sèche, le râle muqueux perçu en appliquant l'oreille sur les côtes, la chaleur et la sécheresse de la peau. La durée de la bronchite aiguë est de trois à quinze jours ; mais si elle est négligée et surtout si l'animal se trouve dans de mauvaises conditions hygiéniques, elle peut se convertir en fluxion de poitrine.

Le traitement de la bronchite simple est autant hygiénique que médical ; les saignées, les fumigations émollientes, les boissons calmantes au laudanum et à la belladone sont les remèdes indiqués. Pour régime on donnera une alimentation douce et alibile. Si le mal persiste, on posera un ou deux sétons sur la poitrine.

Brûlure. — Les brûlures très-étendues ont toujours de terribles conséquences ; les douleurs qu'elles occasionnent, les troubles qu'elles causent dans les fonctions de la peau, allument une fièvre intense qui terrasse le malade. La brûlure circonscrite doit être soumise à un filet d'eau continu pendant plusieurs heures ; plus longtemps on pourra suivre ce remède, mieux cela vaudra ; on diminue considérablement ainsi l'inflammation. On recouvrira ensuite toute la partie lésée d'un corps gras qui la mette complétement à l'abri du contact de l'air. Aussitôt l'inflammation conjurée on aura recours à des bains tièdes, à des cataplasmes peu chauds, que l'on continuera jusqu'à manifestation des symptômes de cicatrisation et l'on aidera celle-ci au moyen de lotions oléo-vineuses (baume du Samaritain), puis de lie de vin, de temps en temps alternées avec des onctions de saindoux ou d'huile d'olive. Les lotions, les compresses d'eau vinaigrée ou d'eau saturnée que l'on emploie quelquefois, sont souvent suivies d'une grande inflammation qui doit en faire proscrire l'usage. En cas de fiévre réactive intense, on appliquera la saignée, la diète et un repos absolu.

Cancer. — Voyez Squirre.

Cataracte. — Cette maladie de l'œil consiste dans l'opacité du cristallin, qui empêche les rayons lumineux de tomber sur la rétine, et cause ainsi la perte de la vue. L'animal atteint de la cataracte présente les mêmes symptômes que dans l'amaurose (voyez ce mot).

On ne peut remédier à la cataracte que par l'opération chirurgicale qui, le plus souvent, n'est pas couronnée de succès; et lorsque la cataracte est double le chien devient aveugle.

Catarrhe auriculaire. — Voyez Chancre interne de l'oreille.

Chancre de l'oreille. — Ulcère de mauvaise nature dont le siége est au bord inférieur de l'oreille externe. Une coupure, déchirure ou morsure qui fend le lobe de l'oreille du chien paraît y occasionner une démangeaison insupportable qui porte le chien à se gratter avec ses pattes et à secouer les oreilles continuellement. Il en résulte une irritation qui envenime la plaie et la rend chancreuse. Ce sont principalement les chiens de chasse à oreilles pendantes qui sont sujets à cette maladie, et c'est pour cela qu'on leur accourcit et qu'on leur arrondit les oreilles. Le remède le plus certain est l'ablation de la partie malade, on peut aussi cautériser avec le nitrate d'argent.

Chancre interne de l'oreille ou *Catarrhe auriculaire.* — Le catarrhe ou chancre interne de l'oreille est assez commun chez le chien. L'animal qui en est affecté secoue fréquemment les oreilles; il penche la tête du côté malade et pousse de temps en temps un cri de douleur. Au début, la membrane auditive est rouge et chaude et le chien gratte fréquemment son oreille. Au bout de quelques jours, il s'en échappe une humeur jaunâtre et infecte plus ou moins abondante parfois il se forme des érosions ou une ampoule énorme.

Un logement froid et humide, un **trop vif courant** d'air, les coups sur la tête, la mauvaise habitude de tirer les oreilles aux chiens pour les punir, sont autant de causes de cette maladie.

Il faut d'abord laver et déterger le conduit auditif avec une eau tiède légèrement savonneuse, le bien sécher avec de l'étoupe douce ou du vieux linge usé, y instiller une ou deux cuillerées à café d'huile de camomille avec quelques gouttes de laudanum, continuer ainsi deux ou trois jours; puis, lorsque l'inflammation sera calmée, tarir l'écoulement au moyen d'une forte décoction de tan aiguisée d'un peu de sulfate de zinc ou d'eau de Goulard, employée en injections une ou deux par jour, et en modérer l'action par quelques instillations d'huile pure ou opiacée. On parvient ainsi avec le temps à vaincre le mal qui est cependant difficile à guérir. On peut employer les purgatifs et les sétons comme remèdes auxiliaires; mais ils ne sont pas indispensables.

Coliques. — On comprend sous ce nom toutes les douleurs abdominales, manifestées par des mouvements plus ou moins désordonnés; on les appelle encore tranchées. On distingue les coliques venteuses, les coliques d'indigestion, les coliques stercorales, les coliques étranglées (hernies inguinales), les coliques inflammatoires, les coliques nerveuses et les vermineuses. — Voyez CONSTIPATION, HERNIE, INDIGESTION, INFLAMMATION DES INTESTINS, VERS, etc.

Constipation. — La constipation est une affection commune chez tous les chiens, surtout chez les races de luxe, que leur état habituel de réclusion, la température élevée dans laquelle ils vivent, et l'abondance de leur nourriture, y disposent plus que les autres. Lorsqu'un chien est constipé depuis quelques jours, on le purgera avec 25 grammes d'huile de ricin ou de sulfate de soude ; si ces moyens ne suffisent pas, on administrera quelques lavements salins. On prévient facilement les rechutes au moyen d'une nourriture végétale, ou, si le chien refuse cette alimentation, en mélangeant leur pâtée de végétaux rafraîchissants et en l'assaisonnant d'un peu de sel.

Contusion. — Lésion produite dans les tissus sous-cutanés par le choc ou la pression d'un corps étranger, sans endommagement de la peau. Lorsque les tissus ne sont que froissés, il en résulte une ecchymose ; si les fibres en sont coupées ou rompues, il y a infiltration, épanchement ; enfin, lorsque les tissus sont brisés, écrasés, il en résulte la destruction et parfois la gangrène.

Lorsque le mal affecte de grandes proportions, une saignée générale offre des avantages en facilitant la résolution après en avoir préalablement enrayé le progrès ; on la fera suivre de frictions d'alcool camphré, d'arnica, et de l'application de compresses souvent renouvelées.

Lorsqu'il y a épanchement ou tumeur, il faut ponctionner celle-ci ; en cas de gangrène (voyez ce mot), faciliter la chute des tissus mortifiés.

Dartres. — Inflammation particulière de la peau, qui se manifeste par plaques plus ou moins étendues de forme le plus souvent arrondie et à bords circonscrits.

Les dartres paraissent contagieuses; le mauvais régime et la malpropreté en sont les principales causes, et l'hygiène tient par conséquent le premier rang pour leur guérison. L'aération et l'appropriement des chenils, des pansements réguliers, un régime rafraîchissant ; tels sont les moyens curatifs préparatoires. Ensuite, quelques frictions d'huile pyrogénée végétale feront disparaître ces affections cutanées en quelques jours.

Si cependant les dartres sèches ou humides étaient rebelles à ce traitement, on ferait des lotions d'acide phénique étendu au trentième. — Lorsque les dartres se développent au pourtour des yeux, les remèdes sont les mêmes ; mais ils exigent dans leur application de grandes précautions.

Dartre pustuleuse. — Voyez ACNÉ.

Dartre rongeante. — Voyez LUPUS.

Dévoiement, diarrhée. — Les chiens sont sujets dans beaucoup de circonstances à la diarrhée. Lorsqu'ils sont attaqués de la *Maladie* (voyez ce mot) il est rare qu'il n'existe pas un flux morbide de matières alvines. Une autre cause commune de cette affection est la présence des vers : alors les déjections sont moins liquides, mais plus glaireuses et écumeuses.

Lorsque la diarrhée est symptomatique, son traitement est celui de la maladie existante.

Autrement, le repos, la diète, des boissons adoucissantes et des lavements émollients en triomphent aisément. Chez les très-jeunes animaux, un ou deux œufs battus avec un peu d'amidon, joints à quelques lavements à l'eau de mauves et de têtes de pavots, en ont promptement raison.

Dyssenterie. — La dyssenterie annonce par ses déjections sanguinolentes une inflammation beaucoup plus intense que la diarrhée ; elle est presque toujours accompagnée de tranchées douloureuses. Cette affection s'annonce chez le chien, par la tristesse, le dégoût, le ballonnement du ventre et une diarrhée plus ou moins intense. Elle a pour cause une mauvaise nourriture, un logement humide et malsain.

Le traitement applicable à la dyssenterie est une diète sévère, des boissons émollientes avec addition de quelques gouttes de laudanum, des lavements d'eau de riz laudanisés, quelques bains de vapeurs sous le ventre, une abondante litière noyant les membres jusqu'au ventre. Puis, plus tard, quelques toniques comme le cachou, le quinquina, le carbonate de fer.

Lorsque la dyssenterie sera disparue, la nourriture devra être légère et de facile digestion ; car la surabondance d'aliments occasionnerait des désordres mortels. Lorsque la dyssenterie est rebelle et devient chronique, elle se termine presque toujours par la mort.

Échauffement. — Indisposition assez mal définie et qui paraît n'être que le signe précurseur d'une affection plus grave.

Elle se manifeste par la température générale de tout le corps plus élevée que dans l'état habituel.

Une petite saignée, du repos, un régime modéré et rafraîchissant, mettent fin en deux ou trois jours à certaines indispositions mal dessinées qui n'attendaient que la moindre occasion pour se transformer en maladies plus ou moins graves.

Entérite. — Inflammation des intestins.

Les intestins du chien sont très-irritables et très-sujets à des inflammations de diverses espèces suivant les causes qui les produisent. Ces causes sont principalement : une mauvaise nourriture, l'irritation produite par des substances âcres ou vénéneuses introduites dans les voies digestives, l'abus des purgatifs. une constipation rebelle, etc. La tristesse, le manque d'appétit, la sécheresse de la bouche avec exagération de la soif, la sensibilité et la chaleur du ventre, les yeux injectés et larmoyants, le poil terne et chaud, tels sont les principaux symptômes que présente le chien atteint d'entérite.

Le traitement indiqué est, au début, les breuvages et les lavements émollients additionnés de quelques gouttes de laudanum, les cataplasmes de même nature ; puis les bains chauds ou les bains de vapeur sous le ventre. On ne doit administrer les purgatifs que dans le cas où l'entérite a pour cause une constipation rebelle. Une diète absolue est de rigueur dans tous les cas.

Entozoaires. — On donne ce nom aux vers qui vivent dans l'intérieur du corps des animaux. Voyez *Vers.*

Épilepsie. — L'épilepsie, haut mal, ou mal caduc, est plus commune chez le chien que chez les autres animaux domestiques. Le chien pris d'un accès de cette terrible affection, s'arrête tout à coup, tremble, chancelle, tombe ; parfois il se relève pour aller tomber plus loin ; d'autres fois il tombe tout à coup, comme s'il était frappé de la foudre. Pendant tout le temps de la crise, il se raidit la tête et les membres, il respire bruyamment, écume ; des contractions saccadées l'agitent. La crise dure une ou deux minutes, rarement plus ; au bout de ce temps, le calme revient ; l'animal hébété se relève en chancelant, se secoue et rentre dans son état ordinaire. Parfois une seconde et même une troisième crise se succèdent à courts intervalles ; les accès n'ont pas d'époque fixe.

L'épilepsie est incurable, à moins qu'elle ne soit due à la présence des vers dans l'appareil digestif; dans ce cas, avec la cause on fait disparaître l'effet. Qu'elle soit essentielle ou vermineuse, l'épilepsie offre d'ailleurs les mêmes symptômes.

Estomac (Maladies de l'). — Voyez GASTRITE, INDIGESTION, etc.

Fièvre. — La fièvre est presque toujours symptomatique chez le chien ; elle accompagne les inflammations des principaux organes du corps tels que les poumons, les intestins, les reins, la vessie, etc. Il ne se présente donc de fièvres particulières que celles de la *Maladie* et de la *Rage*. (Voyez ces mots).

Fluxion de poitrine. — On désigne sous ce nom l'état inflammatoire des organes de la respiration renfermés dans la poitrine. Cette affection est toujours très-grave, et consiste dans un afflux de sang dans les poumons. Plus rarement, la membrane qui tapisse la cavité pectorale est intéressée, dans le premier cas la maladie s'appelle *Pneumonie,* dans le second c'est une *Pleurésie*. Lorsqu'il y a complication des deux cas, l'affection prend le nom de *Pleuro-pneumonie.*

Les courses violentes, les immersions dans l'eau très-froide, les chocs sur la poitrine, le séjour dans un lieu humide sont les principales causes de ces maladies.

Quand la fluxion de poitrine a son siége exclusivement sur les poumons (pneumonie), l'animal est triste, sans appétit ; ses yeux sont injectés, ses flancs agités par une toux sèche ; sa bouche est sans salive, sa peau sèche et chaude. La percussion sur les côtes est très-douloureuse, et chaque coup appliqué arrache un gémissement au malade.

Les symptômes de la pleurésie sont à très peu près les mêmes ; mais la toux est moins accentuée. Le traitement de ces affections consiste, au début, en petites saignées, en frictions excitantes sur les côtes avec du vinaigre chaud, en sinapismes sur le ventre, en tisanes émollientes contenant 1 gramme de nitrate de potasse, chaque fois, et données deux ou trois fois par jour. Le régime à suivre est la diète et la chaleur au moyen de bonnes couvertures. Puis, avec la convalescence, une nourriture d'abord légère et de plus en plus substantielle ensuite.

La pneumonie est grave et la pleurésie encore plus, surtout lorsque ces affections ne sont pas énergiquement combattues dès le début. La pleuro-pneumonie négligée a presque toujours des suites fatales.

Foie (Maladie du). — Voyez HÉPATITE.

Fracture. — Les membres des chiens sont souvent exposés à être fracturés, et la réunion des parties a lieu aussi facilement chez le chien que chez l'homme ; l'irritabilité étant même moins grande chez eux que chez nous, les accidents consécutifs sont généralement moins graves ; toute la difficulté consiste dans le maintien en rapport des abouts.

Lorsque la fracture est accompagnée de contusions ou meurtrissures des parties charnues, comme cela peut avoir lieu pour la fracture de l'épaule ou du fémur, il en résulte une inflammation qu'il faudra combattre par des lotions d'eau saturée de vinaigre. Lorsque l'inflammation sera calmée, on s'occupera de réduire la fracture en faisant l'application d'un bandage méthodique qui assure la réunion des parties fracturées et s'oppose aux difformités du membre. L'intervention d'un homme de l'art est toujours indispensable pour la réduction d'une fracture.

Gale. — Maladie spéciale de la peau caractérisée par des vésicules dures à la base, transparentes au sommet et renfermant une sérosité d'abord limpide puis purulente, accompagnées d'une très-vive démangeaison.

Il est aujourd'hui reconnu sans contestation que la gale est produite par un insecte parasite, *l'acarus de la gale,* et l'on trouve dans les pustules ce petit être microscopique. Cette cause animée explique la contagion, puisqu'il suffit qu'un acarus passe d'un chien affecté sur un autre sain pour lui inoculer la gale. — Lorsque la gale est spontanée, elle peut provenir du manque de propreté, d'une mauvaise nourriture et d'autres causes encore mal connues ; mais, le plus souvent, elle est le résultat de la contagion. — La première chose à faire, lorsqu'on s'aperçoit qu'un chien est affecté de la gale, est de le séparer des autres pour éviter la contagion. On la combat au moyen des bains sulfureux, des frictions à l'huile de goudron, dans laquelle on a fait dissoudre 20 grammes d'azotate de potasse par litre d'huile, de la pommade soufrée et camphrée, etc.

L'affection connue sous le nom de *gale rouge* est une inflammation de la peau qui se manifeste par l'apparition de petites pustules rouges. Nous en avons parlé au mot *Acné.*

Gastrite. — Inflammation de l'estomac. — Cette affection est plus rare que l'entérite ou inflammation des intestins. Le plus souvent, ceux-ci sont le siége primitif de l'inflammation, et l'estomac ne participe que secondairement à cet état inflammatoire; c'est alors une GASTRO-ENTÉRITE, mais il est fort difficile de distinguer l'inflammation simple de l'estomac de celle de l'intestin, et pour ces maladies les symptômes et le traitement sont les mêmes que ceux de l'*Entérite* (voyez ce mot).

Hématurie. — Vulgairement : pissement de sang, caractérisée par la sortie par le canal de l'urètre d'une certaine quantité de sang mêlé à l'urine. L'hématurie est toujours le symptôme d'une maladie des voies urinaires : *Néphrite, Uréthrite* (voyez ces mots).

Hémorrhagie. — Perte de sang causée par la rupture ou la déchirure d'un ou plusieurs vaisseaux sanguins. Beaucoup d'hémorrhagies s'arrêtent d'elles-mêmes, d'autres cèdent à la compression simple ou à l'action des douches froides ; mais il est des cas où l'importance des vaisseaux sanguins lésés donne à l'hémorrhagie beaucoup de gravité. Les lavages à l'eau très-froide, l'application de compresses imbibées de perchlorure de fer ou d'eau de Brochieri sont les meilleurs hémostatiques.

Hépatite. — Inflammation du foie. — Cette affection s'annonce par la pesanteur, l'insomnie, la respiration accélérée et la soif ; par une toux sèche et le trouble des fonctions digestives, accompagnés parfois de jaunisse, c'est-à-dire de la coloration en jaune des muqueuses ; au second jour de l'inflammation, les urines ont une forte teinte jaune. L'hépatite est souvent mortelle lorsqu'elle passe à l'état chronique. Il faut la traiter vigoureusement au début par une forte saignée, un sinapisme sur le côté droit, des purgatifs doux et des lavements émollients.

Le régime est une demi-diète, une nourriture légère et le repos.

Hernie. — Déplacement d'une portion d'intestins et sa chute dans une cavité qui ne lui est point destinée.

Les chiens sont parfois sujets aux hernies ; ceux qui sont très-gras sont souvent exposés à celle de l'épiploon, soit par l'anneau abdominal, par l'ombilic ou par quelque ouverture accidentelle dans les parois de l'abdomen. Quoique très-rarement étranglées, ces hernies sont très-difficiles à réduire.

Hydropisie. — Maladie causée par un amas d'eau dans une ou plusieurs parties du corps. Par suite d'une inflammation aiguë de la membrane qui les tapisse, la poitrine, le ventre peuvent également devenir hydropiques.

L'hydropisie de l'abdomen ou *ascite* est due à une accumulation de sérosité dans la cavité du péritoine. Cette affection est très-fréquente chez le chien; elle a pour causes principales le froid et l'humidité, les affections chroniques des viscères abdominaux, etc. Elle se manifeste par l'augmentation du volume du ventre dans lequel on reconnaît la présence du liquide; et ce gonflement du ventre est d'autant plus apparent qu'il contraste avec la maigreur du chien; les poils sont hérissés et la peau sèche; la respiration est laborieuse, l'animal boit beaucoup et mange d'abord comme à l'ordinaire; mais à mesure que la maladie fait des progrès, son appétit baisse et il finit par tomber dans le marasme.

Prise au début, l'ascite peut se guérir par l'emploi des purgatifs et des diurétiques qui, en favorisant les excrétions intestinales, activent l'absorption de l'épanchement séreux. Le sirop de nerprun (30 grammes) et l'aloès (4 grammes) sont les meilleurs purgatifs; l'azotate de potasse (1 gramme) et la scille (30 centigr.), les diurétiques à employer. Mais l'ascite consécutive est presque toujours mortelle.

L'hydropisie de poitrine ou *Hydrothorax* est une accumulation de sérosité dans la cavité de l'une des plèvres ou dans la cavité des deux plèvres. Elle est le plus souvent consécutive à la pleurésie chronique et par conséquent presque toujours mortelle.

Indigestion. — Trouble passager des fonctions digestives, provoqué par l'ingestion d'aliments en trop grande quantité ou par une cause étrangère. L'indigestion est très-fréquente chez le chien, naturellement vorace, mais elle est le plus souvent sans gravité, en raison de la facilité avec laquelle cet animal peut débarrasser son estomac des aliments qui le gênent. S'il a de la difficulté à les expulser, on lui administrera l'émétique (5 centigr.).

Si l'animal manifeste sa souffrance par ses plaintes et son agitation, s'il se couche, se relève, se roule en gémissant, c'est qu'il a des coliques et que l'indigestion est intestinale. On lui donnera alors des infusions de sauge, de menthe, de camomille, avec quelques lavements émollients pour débarrasser les intestins.

Inflammation. — Voyez GASTRITE, ENTÉRITE, HÉPATITE, PNEUMONIE, NÉPHRITE, etc.

Intestins. — Voyez ENTÉRITE et INDIGESTION.

Jaunisse. — La jaunisse est rare chez le chien; elle est généralement consécutive à quelque altération du foie (voyez HÉPATITE). Les acidulés, les purgatifs salins, les sinapismes réitérés deux ou trois fois sur le côté droit sont parfois suivis de bons résultats.

Lupus. — On donne ce nom à une dartre rongeante, qui se manifeste chez le chien, particulièrement sur le nez, les lèvres et les testicules. Les parties affectées se couvrent de tubercules plus ou moins volumineux qui se changent en ulcères, d'où s'écoule un pus fétide ; puis il se forme des croûtes étendues et très-adhérentes. On traite le lupus à l'intérieur par les purgatifs, à l'extérieur par les caustiques tels que le nitrate d'argent, le beurre d'antimoine, les pâtes arsénicales. Mais il faut avoir soin que le chien ne puisse se lécher.

Maladie. — Sous ce nom populaire de *la Maladie*, on désigne une affection de caractère variable qui se déclare très-fréquemment chez le chien pendant son jeune âge. On n'est pas bien d'accord sur la nature de cette maladie ; ses symptômes sont extrêmement variés, les accidents qui l'accompagnent sont nombreux, et son début n'est pas toujours le même. Les uns la considèrent comme une affection catarrhale, les autres comme une névrose, d'autres encore comme une inflammation des muqueuses, compliquée d'affections nerveuses. La maladie coïncide généralement avec la deuxième dentition et le temps de grande croissance.

De trois à huit ou dix mois, presque tous les jeunes chiens sont atteints d'une espèce d'affection des voies respiratoires et gastro-intestinales, à laquelle succombent presque la moitié de ceux qui en sont atteints. Cette maladie est caractérisée chez l'animal par la tristesse, l'amoindrissement ou la perte de l'appétit, de la toux, des vomissements; les yeux se couvrent de chassie, la bouche devient baveuse, les poils ternes et secs; puis, les membres semblent dépourvus de force et l'animal plongé dans une sorte de torpeur; du nez s'écoule un mucus épais et abondant qui obstrue les narines au point que, parfois, le chien est obligé de respirer par la bouche; ce dernier symptôme est un mauvais pronostic.

Suivant toute probabilité, la maladie n'est que la conséquence de la façon irrationnelle dont on élève le chien, d'une hygiène sans principes, d'une alimentation mal calculée et surtout d'un sevrage trop brusque. Les causes de la maladie indiquent suffisamment les moyens préventifs : laisser les petits avec leur mère aussi tard que possible, les nourrir de chair à petites rations répétées, les tenir proprement, les abandonner en parcours libre et aussi étendu que possible, tel est le moyen sûr de conjurer les trois quarts des cas funestes habituels.

Lorsque, malgré tous les soins préventifs, le jeune chien contracte la maladie, dès l'apparition des premiers symptômes il faudra mettre le malade dans un lieu sec et chaud, bien aéré et bien ensoleillé et pourvu d'une quantité suffisante de bonne paille, pour qu'il puisse s'y blottir. On devra lui fournir de l'eau pure, souvent renouvelée, et le frictionner chaque jour deux ou trois fois par tout le corps avec une brosse de chiendent. On lui donnera par petites fractions de la viande crue; celle de cheval leur est très-agréable. Ce traitement fort simple arrête souvent la maladie dès le début. S'il a de la toux, du jetage par le nez et les yeux chassieux, ce qui indique l'inflammation des voies respiratoires, on appliquera un séton sous la poitrine et l'on administrera quatre ou cinq cuillerées de la potion suivante, une à une et de deux en deux heures :

Sirop diacode.	15 grammes.
Sirop de capillaire	60 —
Sirop de quinquina.	60 —
Poudre d'aconit.	0^{gr},25

Mélanger et agiter fortement chaque fois. Si le jeune chien montre de l'appétit et néanmoins maigrit, s'il se plaint, a le ventre gros, la peau crasseuse, le poil terne, s'il a surtout des convulsions, c'est que les vers remplissent ses intestins. Il faut alors lui administrer par jour une ou deux pilules composées comme ci-dessous :

Huile pyrogénée végétale.	30 grammes.
Poudre d'écorce fraîche de grenadier	15 —
Poudre de valériane.	5 —
Extrait de gentiane.	30 —

que l'on réduira en pâte et divisera en vingt pilules. Un ou deux lavements par jour seront d'excellents auxiliaires.

La nourriture devra consister en soupe ou viande

bien assaisonnée et bien épicée, en viande crue, et aussi peu de lait que possible, ce dernier favorisant le développement des vers.

Parfois la maladie se complique d'une affection éruptive de la peau ; de petites vésicules apparaissent sous la poitrine et sous le ventre et laissent écouler au bout de deux ou trois jours un liquide opalin. L'épiderme se soulève et se dessèche et le derme sécrète un liquide séreux purulent de mauvaise odeur. Il faut alors tenir l'animal chaudement, le nettoyer avec de l'eau tiède et lui donner des boissons adoucissantes.

Mamelles (Maladies des). — Voyez Squirre, Mammite.

Mammite. — Inflammation de la partie glanduleuse des mamelles. — Cette affection des chiennes se manifeste par la fièvre et par l'engorgement des mamelles qui deviennent dures et tendues ; la sécrétion du lait est supprimée. Les coups, les chutes, l'impression du froid, peuvent produire l'engorgement des mamelles, surtout à la suite de la parturition. Au début, on emploie les lotions et les fomentations émollientes, puis les cataplasmes avec décoctions de pavot, de belladone. Si la suppuration s'établit, on emploie l'onguent de la mère, les pommades de peuplier et de laurier.

Métrite. — Inflammation de la matrice. — Cette affection est le plus souvent la conséquence d'une parturition plus ou moins laborieuse ; elle se manifeste par le gonflement des parties sexuelles et une tuméfaction qui parfois s'étend jusqu'au ventre. L'animal est triste, il marche péniblement et perd l'appétit. Le traitement de la métrite consiste en lavements émollients, en injections émollientes, en cataplasmes sur la région lombaire, en y ajoutant la diète et les tisanes chaudes. La péritonite (voyez ce mot) est assez souvent la conséquence de l'inflammation de la matrice.

Néphrite. — Inflammation des reins. — Les efforts de la région lombaire, les coups sur les reins, les rétentions d'urine, la présence de calculs, des pluies très-froides, sont autant de causes de néphrite. Au début, l'affection se manifeste par des coliques, de fréquents besoins d'uriner, suivis d'émissions très-peu abondantes et colorées ou même sanguinolentes ; par la chaleur de la région lombaire, la raideur du train de derrière, etc. Lorsque la maladie tient à la présence de graviers dans le rein, l'urine est sédimenteuse et chargée de ces graviers.

Le traitement indiqué consiste en boissons mucilagineuses (graine de lin), en lavements anodins, en cataplasmes émollients sur la région lombaire, avec la diète.

Lorsque la néphrite devient chronique, le chien n'en revient pas. Cette affection est heureusement assez rare.

Nerveuses (Affections). — Les affections nerveuses

auxquelles les chiens sont habituellement sujets ont des causes diverses, et doivent par conséquent être traitées suivant ces causes. L'épilepsie, le spasme, les convulsions, le tétanos (voyez ces mots) sont des affections nerveuses.

Obésité. — Les chiens sont très-sujets à l'obésité; un certain degré d'embonpoint est un signe de santé, mais lorsque la graisse est si abondante qu'elle est disproportionnée à la force du corps, elle devient alors la source de beaucoup de maladies. Le plus souvent les chiens acquièrent cet état par une nourriture trop abondante et par le défaut d'exercice. Lorsque l'obésité est due à ces causes, le remède en est tout indiqué; cependant, lorsque le chien n'est plus jeune, l'exercice et l'abstinence ne peuvent souvent détruire l'obésité.

L'obésité dispose particulièrement à l'asthme, ainsi qu'à la gale et aux autres maladies éruptives.

Œil (Maladies de l'). — Les yeux du chien sont exposés à plusieurs espèces de maladies; les plus communes sont les ophthalmies (voyez ce mot), les plus dangereuses sont l'amaurose et la cataracte (voyez ces mots), qui, le plus souvent, se terminent par la cécité.

Ongles. — Les ongles deviennent souvent très-longs chez les chiens, lorsqu'ils ne font pas assez d'exercice; ils se contournent, blessent le pied et estropient l'animal. On coupe ces ongles avec de forts ciseaux ou avec une scie fine, en ayant soin de les polir ensuite.

Les doigts sont également sujets à une affection particulière dans laquelle l'un d'eux paraît très-enflammé, et quelquefois ulcéré autour de l'ongle. On attribue généralement ce mal à une cause externe; mais il n'en est rien, c'est une affection cutanée que ni la langue du chien ni les lotions ordinaires ne guérissent. On emploie habituellement l'onguent mercuriel doux, en ayant soin d'envelopper le pied d'un bandage cousu, afin que le chien ne puisse l'arracher et se lécher.

On nomme chiens *ergotés* ceux qui ont ces petits doigts surnuméraires; nous en avons parlé page 200, ainsi que de la manière de les extraire.

Ophthalmie. — Inflammation de l'œil manifestée par la fermeture des paupières, par un écoulement de larmes plus ou moins abondant, par de la rougeur et un certain gonflement. Lorsque l'inflammation est intense, l'humeur sécrétée, devenue plus âcre, détruit les cils, s'épanche sur les joues, où elle détermine de la cuisson. Le traitement consiste en lotions émollientes avec de l'eau de pavot, auxquelles on substituera au bout de quelques jours des astringents, tels que les décoctions de bleuet et de plantain avec un peu d'eau-de-vie. Si l'écoulement purulent persistait, on emploierait le même agent, aiguisé de quelques gouttes d'acétate de plomb ou de nitrate de cuivre, ce qui arrêterait promptement la sécrétion et amènerait la cicatrisation des ulcérations.

Oreille. — Les oreilles, chez le chien, sont le siége de diverses affections, telles que le chancre interne ou externe, l'otite, etc. (voyez ces mots).

Otite. — Inflammation de la membrane muqueuse de l'oreille. — Le plus souvent cette affection est due à l'impression du froid, à des coups, des violences. Elle débute par une douleur aiguë, à laquelle succède, au bout de quelques jours, un suintement séreux ou sanguinolent, quelquefois puriforme. Le traitement consiste, au début, en injections émollientes, puis en astringents, tels que l'acétate de plomb, le tannin, le sulfate de zinc, etc. Lorsque la maladie est invétérée et caractérisée par un écoulement persistant, on joint aux injections astringentes un séton au cou et quelques purgatifs.

Paralysie. — Beaucoup de causes peuvent produire dans les chiens la perte partielle ou totale du pouvoir moteur. La paralysie totale est excessivement rare ; les reins ou les extrémités postérieures sont les parties le plus souvent affectées. Dans la *maladie,* c'est une chose fort commune que les parties postérieures soient paralysées, surtout à la suite de convulsions. Elle attaque quelquefois les muscles de la tête. Dans certains cas graves de paralysie, il y a souvent un mouvement convulsif continuel qui constitue la chorée

ou danse de Saint-Gui. La paralysie est souvent consécutive à la maladie ; elle peut se produire également à
la suite de coups sur les reins, d'écrasement et surtout de rhumatisme. La paralysie est très-difficile à
guérir. La chaleur et quelques applications stimulantes
sur les parties malades sont les principaux moyens à
employer ; des sétons aux fesses et des frictions excitantes le long de la colonne vertébrale sont d'excellents adjuvants.

Parturition. — Voyez ce que nous avons dit
livre II, page 189. Les parts laborieux et leurs suites
rentrent dans le domaine exclusif des vétérinaires.

Pédiculaire (Maladie). — Voyez Poux.

Péritonite. — Inflammation du péritoine. — L'abdomen est tapissé intérieurement par une membrane
qui revêt en même temps les intestins ; on donne à
cette membrane le nom de péritoine et à l'inflammation de cette membrane le nom de *péritonite*. Toutes
les causes qui peuvent enflammer les intestins peuvent également occasionner la péritonite. Les grands
refroidissements extérieurs, l'eau glacée avidement
bue par les animaux échauffés par une longue course,
une mauvaise alimentation, des coups sur le ventre,
sont autant de causes de cette affection, toujours très-
grave.

La péritonite se manifeste par la fièvre, la raideur
du corps, le ventre remonté et brûlant, la défécation

difficile; le malade est triste, refuse de manger et de se mouvoir. La saignée, les cataplasmes émollients sur le ventre, les boissons adoucissantes, sont habituellement employés, en y joignant la diète et une chaleur continue. La péritonite entraîne parfois l'hydropisie.

Pissement de Sang. — (Voyez Hématurie.)

Plaies. — Les plaies sont de diverses sortes : les instruments tranchants, les armes à feu, les brûlures, les morsures, les piqures, occasionnent des plaies. — Dans les plaies par instruments tranchants, il faut, autant que possible, rapprocher les bords de la coupure par quelques points de suture; mais comme la peau se déchirerait promptement à ces points, il faut pour assurer, placer dessus un emplâtre agglutinatif, diachylon ou autre. Dans les plaies faites par des corps aigus et fragiles, il faut examiner attentivement s'il n'est pas resté quelque corps étranger qui s'opposerait à la guérison. Les plaies par arme à feu sont dans le même cas; il est nécessaire d'en extraire les corps étrangers, puis de les laver avec de l'eau fraîche en été et de l'eau tiède en hiver ; il faut aussi exciser les lambeaux de peau. Pour les plaies par brûlure, Voyez *Brûlure*. Les plaies les plus communes sont celles produites par les morsures des chiens entre eux. Dans ce cas, si l'on a quelques craintes sur l'état de l'animal qui a mordu, il faudra se conduire comme il est indiqué à l'article *Rage;* autrement, après avoir lavé la plaie, on attendra la suppuration. Les plaies süppurantes doivent être, autant que possible, préservées du contact de l'air ; lotionnées avec la teinture d'aloès étendue d'eau ou le vin aromatique, puis saupoudrées, afin de tonifier les chairs, avec des poudres de quinquina, de gentiane, de chêne, etc.

Pleurésie et Pneumonie. — (Voyez FLUXION DE POITRINE.)

Poisons. — Le mot de *Poison* est à quelques égards un terme vague et indéfini, car les substances qui sont les plus nuisibles à certaines espèces d'animaux ne font souvent aucun mal à d'autres. La jusquiame, qui est mangée impunément par les chevaux, les bœufs, les chèvres, est un poison pour les chiens. Ceux-ci peuvent prendre, au contraire, une assez grande quantité d'opium sans résultat fâcheux, tandis qu'il est rare que l'homme n'en éprouve pas des effets funestes.

Les chiens sont assez fréquemment empoisonnés soit par accident, soit à dessein. Comme on reconnaît souvent à temps l'empoisonnement, il est nécessaire de connaître les substances à employer comme *contre-poisons*.

Lorsqu'on reconnaît qu'un chien est empoisonné, la première chose à faire est d'évacuer le poison. On emploiera pour cela l'émétique : 5 centigrammes dans un verre d'eau, en répétant cette dose trois ou quatre fois à quelques minutes d'intervalle; on lui administrera également des lavements purgatifs.

Aussitôt après le vomissement, on administrera le contre-poison suivant la substance ingérée. Voici une liste des principaux poisons et de leurs contre-poisons :

POISONS :	CONTRE-POISONS :
Acide arsénieux.	Hydrate de peroxyde de fer.
Aconit.	Eau iodurée.
Blanc de céruse.	Eau sulfureuse, alun.
Cantharides.	Camphre, laudanum.
Champignons.	Émétique, éther sulfurique.
Ciguë.	Eau iodurée.
Digitale.	Eau iodurée.
Émétique.	Décoction de quinquina.
Jusquiame.	Eau iodurée.
Minium.	Sulfate de soude.
Noix vomique.	Iodure de potassium.
Phosphore.	Magnésie calcinée, lait de chaux.
Sels de plomb.	Acide sulfurique étendu d'eau.
Strychnine.	Iodure de potassium.
Sublimé corrosif.	Blancs d'œufs, boissons albumineuses.
Tabac.	Eau iodurée.
Vert-de-gris.	Eau iodurée.

Poux, Puces, Tiques. — De toutes les incommodités auxquelles la race canine est sujette, aucune ne les tourmente autant que les insectes parasites : poux, puces et tiques. Les bains, les décoctions de tabac et de staphysaigre, l'essence de térébenthine et surtout l'huile de pétrole sont les meilleurs remèdes à employer.

Rage. — La rage est la plus terrible maladie que

puisse contracter le chien, d'autant plus terrible qu'il la transmet à l'homme et qu'elle échappe à toute médication. La rage est une maladie contagieuse ; mais elle ne se transmet que par inoculation, c'est-à-dire par la bave ou salive qui en contient le germe, introduite dans l'économie par la plaie que font les dents du chien enragé. Le germe de la rage est dans la salive et il n'est que là.

On se figure généralement que, lorsqu'un chien est affecté de la rage, sa maladie se manifeste spontanément par des accès de fureur, des transports frénétiques qui le poussent à mordre et à déchirer ceux qui l'approchent, même les personnes qui lui sont chères. C'est là une erreur ; erreur d'autant plus funeste que, bien avant qu'il arrive à la période de la fureur rabique, sa salive est déjà virulente et peut transmettre la rage ; ses léchements peuvent être tout aussi dangereux que ses morsures.

Les premiers symptômes de la rage du chien consistent dans une humeur sombre et une agitation inquiète, qui se traduit par un continuel changement de position. L'animal s'éloigne de ses maîtres, il se cache, mais ne montre aucune disposition à mordre. Il persiste, et c'est un point très-important à noter, à conserver pour ses maîtres ses sentiments ordinaires d'affection ; ses caresses sont parfois même exaltées ; il les lèche plus souvent encore que lorsqu'il se porte bien ; même quand la maladie avance, le chien enragé respecte et épargne le plus souvent ceux qu'il affectionne.

A la période initiale de la rage, on remarque dans les intermittences des accès une sorte de délire qu'on peut apppeler le *délire rabique.*

Le chien bondit souvent comme en proie à des hallucinations. On dirait qu'il voit des objets et entend des bruits qui n'existent que dans son imagination. Tantôt, en effet, l'animal se tient immobile, attentif, comme aux aguets, puis, tout à coup, il se lance et mord dans l'air comme le fait dans l'état de santé l'animal qui veut attraper une mouche au vol. D'autres fois il se lance, furieux et hurlant, contre un mur, absolument comme s'il avait entendu de l'autre côté des bruits menaçants.

A une période plus avancée, l'agitation du chien augmente. Il va, vient, rôde incessamment d'un coin à l'autre ; il ne peut rester en place, et quelquefois son attachement pour son maître semble augmenter en proportion de la gravité du mal. Il ne cesse d'aller lui lécher les mains et le visage.

Le mot *hydrophobie,* dit M. Bouley, s'est presque substitué, même dans le langage usuel, au mot rage, et c'est une des plus détestables inventions du néologisme. L'expression implique une idée très-ancrée dans l'opinion publique, idée fausse, absolument fausse.

Un chien enragé boit. Le mot *hydrophobie* fait supposer qu'un chien enragé a horreur de l'eau. Donc, dit-on, s'il boit, c'est qu'il n'est pas enragé ; et s'appuyant sur ce raisonnement, un très-grand nombre de personnes s'endorment dans une sécurité trompeuse, à côté de chiens enragés, qui vivent avec elles et couchent même dans leur lit.

Que l'on sache donc bien que le chien enragé n'est pas HYDROPHOBE.

Quand on lui offre à boire, il ne recule pas épouvanté ; bien loin de là, il s'approche du vase, il lappe le liquide avec sa langue, il l'avale, et lorsque la constriction de la gorge rend la déglution difficile, il n'en essaye pas moins de boire.

Le chien enragé ne refuse pas toujours sa nourriture à la première période ; mais il s'en dégoûte promptement. Toutefois, à ce moment, il arrive généralement qu'obéissant à un besoin impérieux de mordre, l'animal saisit avec ses dents, déchire, broie et avale une foule de corps étrangers à l'alimentation.

Tout chien qui, dans un appartement, déchire avec obstination les tapis, les couvertures, les coussins, doit être immédiatement surveillé et mené chez le vétérinaire.

On s'imagine que la bave est un des signes caractéristiques de la rage. Un chien peut ne pas présenter ce symptôme et n'en être pas moins parfaitement bien enragé.

Il existe des chiens enragés dont la gueule est remplie d'une bave écumeuse, surtout pendant les accès ; chez d'autres, au contraire, cette cavité est parfaitement sèche. Dans d'autres cas enfin, il n'y a rien de particulier à noter à l'égard de l'humidité ou de la sécheresse de la cavité buccale.

Toutefois, M. Bouley a observé ce symptôme curieux qu'il est bon de faire connaître.

« Le chien enragé dont la gueule est sèche porte ses pattes de devant de chaque côté de ses joues et les remue absolument comme s'il avait dans l'arrière-gorge ou entre les deux un os incomplétement broyé qui le gênât. Il en est de même quand la paralysie des mâchoires rend la gueule béante, ainsi que cela se remarque dans la variété de rage appelée la rage mue.

Un des caractères de la rage les plus faciles à saisir c'est, assurément, l'aboiement. L'homme qui en connaît la signification peut affirmer qu'il a devant lui un chien enragé. Le hurlement rabique ne saurait se décrire. Le timbre est lugubre, l'aboiement n'éclate plus avec la sonorité normale ; il est rauque, voilé, plus bas de ton, et il dégénère dès le premier son en trois ou quatre petits hurlements qui partent du fond de la gorge ; c'est plaintif et singulier.

Toujours le chien enragé a cette voix spéciale, qu'il est bien facile de différencier de la voix normale. C'est pour nous le diagnostic le plus facile à tirer et le plus certain. On ne s'y trompe pas, quand on a pu entendre une fois le hurlement lugubre de l'animal malade.

Un autre symptôme très-caractéristique, c'est l'impression exercée par le chien bien portant sur le chien enragé.

Presque aussitôt que l'animal malade aperçoit l'animal sain, un accès se déclare. Aussi le chien est-il le réactif le plus sûr dont on puisse se servir pour déceler la rage.

Tous les jours, à Alfort, quand le diagnostic peut être incertain, on a recours à ce moyen ; il est rare qu'il mette le praticien en défaut.

Dès que le chien malade aperçoit un autre chien, il fait tout ce qu'il peut pour se jeter sur lui, et s'il peut l'atteindre il le mord avec fureur.

Un animal enragé peut donc être inoffensif pour un homme, ou pour tout animal qui n'appartient pas à son espèce.

Tout chien qui se montrera agressif pour son semblable devra également être surveillé.

Il arrive encore assez souvent que le chien qui ressent les premières atteintes du mal s'échappe de la maison et disparaisse. On dirait qu'il a conscience du danger qu'il peut faire courir à ceux qui lui sont chers. Il abandonne ses maîtres et va mourir dans quelque endroit retiré ou se fait tuer en chemin quand on reconnaît le mal dont il est frappé.

Dans quelques cas encore, malheureusement trop nombreux, l'animal qui a échappé aux poursuites revient, obéissant à une attraction fatale, vers la maison de ses maîtres. C'est dans ces circonstances que les malheurs arrivent. Au retour du pauvre égaré, tout le monde s'approche pour le caresser, et à la période où il en est de sa maladie, le besoin de mordre est devenu impérieux et l'animal répond aux caresses par des morsures.

Lorsque la maladie est arrivée à son complet déve-

loppement, la physionomie du chien devient terrible.
Son œil brille d'une lueur sombre, et qui inspire l'effroi, même lorsque l'on observe l'animal à travers la grille de la cage où il est enfermé. Là, il s'agite sans cesse ; à la moindre excitation, il se lance de votre côté, poussant son hurlement caractéristique.

Furieux, il mord les barreaux de sa niche et fait claquer ses dents. Si on lui présente une tige de bois ou de fer, il se jette sur elle, la saisit à pleine mâchoire et la dévore ou la tord. A cet état d'excitation succède bientôt une profonde lassitude ; l'animal épuisé se retire au fond de sa niche et là il demeure quelque temps immobile, quoi qu'on puisse lui faire pour l'irriter. Puis, tout à coup, il se relève de son apathie, bondit en criant, et entre dans un nouvel accès.

Le chien enragé à l'état de liberté se lance devant lui et s'attaque à tout, mais de préférence aux chiens. Un autre chien près d'un promeneur devient ainsi un préservatif presque certain ; l'animal conjure le danger ; il est cruellement mordu, il faut qu'il soit sacrifié à son tour.

On reconnaît vite dans la rue un chien enragé ; il ne conserve pas longtemps ses forces ; épuisé, sa démarche devient vacillante, sa queue pendante, sa gueule béante, et toute souillée de sang et de poussière, lui donnent une physionomie caractéristique. Dans cet état, il ne se dérange guère de sa direction pour mordre, à moins que l'on ne soit tout à fait à sa portée.

Bientôt son épuisement est si grand qu'il est obligé

FIG. 87. — CHIEN ENRAGÉ.

de s'arrêter. Il s'accroupit dans un coin et y reste somnolent pendant plusieurs heures. Il ne faudrait pas le réveiller de sa torpeur, car il recouvrerait assez de force pour mordre.

Le chien enragé tombe toujours frappé de paralysie.

On a émis beaucoup d'opinions sur les causes de la production du virus rabique. La plus répandue est que la chaleur et surtout le manque d'eau en sont les causes les plus ordinaires; d'autres attribuent cette maladie à la complète privation d'aliments.

Des expériences nombreuses, entreprises par les maîtres de la science, ont prouvé que ni la chaleur, ni la faim, ni la soif n'avaient jamais engendré la rage. En Syrie et en Égypte, où la chaleur est si intense, on ne connaît pas la rage; à Constantinople, à Alep et autres villes de l'Orient où les rues sont encombrées de chiens errants, il en meurt par centaines de soif et de faim et aucun n'est atteint de la rage. L'opinion qui réunit le plus de partisans parmi les gens compétents, est que la cause essentielle et presque unique de la rage est la privation des rapports sexuels. Et l'on remarque, en effet, que c'est en février et mars, septembre et octobre, c'est-à-dire dans les mois qui suivent les époques du rut chez les chiens, que cette maladie se montre de préférence. Des enquêtes faites avec le plus grand soin ont prouvé que c'est au printemps que ces accidents sont les plus nombreux, et qu'ils ne le sont pas moins en hiver qu'en été.

Quant aux moyens propres à prévenir les effets des

inoculations rabiques, c'est la cautérisation des morsures, et surtout la cautérisation au fer rouge, faite avec le plus d'énergie et dans le plus court délai possible après l'inoculation, qui s'est montrée, toujours, la plus fidèle des ressources prophylactiques.

Je crois, dit M. Bouley, qu'il serait téméraire aujourd'hui de vouloir indiquer dans quelles limites de temps s'effectue l'absorption de la bave virulente mise en rapport avec une plaie, par une morsure ou autrement : les données de l'expérimentation ne sont pas encore suffisantes pour qu'on puisse se prononcer en cette matière avec une connaissance complète de cause. Mais ce que l'on peut affirmer sans crainte d'erreur, c'est que, étant faite une blessure virulente, on n'a jamais recours trop tôt à la cautérisation par le fer rouge, de préférence à toute autre, et qu'il vaut mieux s'en servir avec excès que d'une manière timorée.

Cette opération n'exige pas absolument l'intervention d'un homme de l'art, tout au moins lorsque les plaies sont superficielles, ou que, ayant pénétré à une certaine profondeur, elles n'occupent que des régions charnues. Il est facile d'improviser les instruments qui sont propres à l'usage de la cautérisation : une tringle de rideau, un fer à tuyauter, un tisonnier, une tige de fer quelconque, voire même une lame de couteau ou les extrémités des lames d'une paire de ciseaux mousses, peuvent être utilisés ; mais il est préférable que l'instrument soit cylindrique ou conique, plutôt qu'aplati en lame, parce que, sous les premières de ces formes, il contient et conserve plus de chaleur. Pour

s'en servir, il faut le faire chauffer à la température
rouge clair, et le mettant en rapport avec la blessure,
on l'y maintient appliqué d'une main ferme, en ayant
bien soin de la brûler dans toute son étendue et toute
sa profondeur. Pour plus de sûreté, la cautérisation
étant faite une première fois, il sera bon de remettre
le fer au feu et de la répéter. La considération de la
douleur est ici bien secondaire; qu'importent ces
quelques souffrances d'un moment, si cuisantes qu'elles
puissent être, quand on les compare à la grandeur du
service qu'on doit en retirer? Du reste, on se fait généralement de la douleur causée par le feu un plus
gros monstre que cela ne devrait être. Cette douleur
est très-supportable, surtout lorsque les parties immédiatement touchées par le cautère sont converties en
charbon.

A défaut du cautère, qu'il n'est pas possible d'employer dans toutes les circonstances et immédiatement, on peut appliquer le feu sur les parties blessées,
par l'intermédiaire de la poudre de chasse. D'après
des renseignements communiqués à l'Académie de
médecine par une personne, M. Manière, qui a habité
pendant quinze ans Haïti, la rage serait une maladie
fréquente dans ce pays et on l'observerait dans toutes
les saisons; mais elle ne donnerait pas lieu à des accidents proportionnels au nombre des morsures, parce
que chacun sait ce qu'il doit faire pour prévenir les
suites de celles-ci.

Dès qu'une morsure est reçue, on la bourre de
poudre qu'on allume, et l'on détermine ainsi une cau-

térisation très-efficace, à laquelle on peut recourir partout, la poudre de chasse se trouvant presque toujours dans toutes les poches et, à coup sûr, dans toutes les maisons. On complète l'action du feu par celle d'un vésicatoire, et les malades sont soumis à un traitement mercuriel poussé jusqu'à la salivation. L'auteur de cette relation prétend que, malgré la fréquence des morsures rabiques à Haïti, il n'a vu succomber à la rage qu'une personne qui s'était refusée à recourir à la cautérisation suivant le mode usité dans le pays. Cette pratique d'Haïti présente l'avantage de la facilité de son application immédiate dans une foule de circonstances où la cautérisation par le fer ne peut être employée; elle constitue donc une ressource précieuse qu'il était bon de faire connaître et qu'il ne faut pas négliger.

Si le feu est le meilleur des agents destructeurs des tissus sur lesquels a porté une dent virulente, cela ne veut pas dire qu'il faille l'employer à l'exclusion absolue des autres agents de cautérisation, et qu'en dehors de lui il n'y ait pas de salut. Le but à atteindre est la destruction la plus rapide possible des tissus touchés ou déjà imprégnés par la salive rabique. Si à défaut du feu, qu'on peut ne pas trouver toujours partout et immédiatement, de manière à pouvoir l'appliquer soit suivant le mode chirurgical, soit même avec la poudre, on avait sous la main un agent caustique tel que l'acide nitrique, l'acide sulfurique, l'acide chlorhydrique, la pierre à cautère, le beurre d'antimoine, le sublimé corrosif, le nitrate d'argent, il faudrait l'employer sans délai et avec toute l'énergie que permet l'organisation des parties où la morsure a son siége, sauf à recourir ultérieurement au feu, lorsque le moment de pouvoir s'en servir serait venu.

On ne saurait trop insister sur la nécessité absolue de l'emploi énergique de ces moyens préventifs.

Dans bon nombre de cas, il est établi que, faute de substances quelconques à appliquer sur une blessure faite par un animal enragé, on s'est abstenu de toute intervention immédiate avant le moment où soit le cautère, soit les agents caustiques ont pu être employés. Mais trop souvent, en pareil cas, un trop long délai s'est écoulé entre le moment de la morsure et celui de l'application du traitement qui reste inefficace pour avoir été trop tardif.

Qu'y a-t-il donc à faire en pareille circonstance, c'est-à-dire lorsqu'on est loin de tous les secours, et que l'on n'a sous la main aucun agent propre à détruire le liquide virulent qui peut avoir été introduit dans la plaie ? Dans ce cas encore, il ne faut pas rester inactif, et l'on peut, par l'emploi de pratiques spéciales, parvenir soit à empêcher l'absorption du virus, soit tout au moins à la retarder.

Le premier de ces moyens, qui peuvent être préservateurs si l'on se hâte d'y recourir, est la succion immédiate de la plaie, que le blessé, dans ce cas, devrait toujours s'empresser de pratiquer lui-même, toutes les fois que cela lui serait possible, c'est-à-dire que la blessure aurait son siége dans une région à portée de sa bouche. Le sang qui s'écoule sous l'aspiration des lèvres entraînant avec lui le liquide virulent qui déjà peut avoir pénétré dans les capillaires de la partie blessée, les chances de l'absorption de ce liquide se trouvent ainsi ou annulées ou considérablement réduites. Sans doute que l'on peut objecter à cette pratique que l'absorption qui ne se fait pas dans la plaie peut s'effectuer dans la bouche, grâce à l'extrême finesse de la membrane qui la tapisse, mais ce danger peut être évité, si, après chaque succion, le liquide aspiré est immédiatement rejeté. Du reste, il ne semble pas qu'en une telle occurrence il puisse y avoir, pour le blessé, motif à aucune hésitation à l'égard du parti qu'il doit prendre, puisque, à coup sûr, les chances sont bien plus grandes de l'absorption d'un virus par la surface d'une plaie vive que par celle d'une muqueuse intacte.

Pour prévenir les redoutables effets des morsures rabiques on peut aussi, et il le faut toujours, recourir à l'expression des plaies, afin de les faire saigner le plus possible et d'entraîner avec le sang la salive virulente qu'elles peuvent contenir. Si en même temps qu'on exprime les plaies, il est possible de les soumettre à un lavage continu avec un liquide quel qu'il soit, ne fût-ce que l'urine, il ne faut pas négliger l'emploi de ce moyen qui peut être très-efficace. L'eau de Javelle, si employée pour les usages domestiques, peut être en pareil cas d'un très-utile secours.

Il sera bon aussi, en attendant qu'on puisse faire usage des agents destructeurs, feu ou caustiques, de soumettre les lèvres des plaies à une pression continue et très-énergique, de manière à effacer le calibre de leurs petits vaisseaux et à suspendre dans leurs tissus le courant sanguin, condition nécessaire de l'absorption.

Toutes les fois que la disposition de la région permettra de l'étreindre par une ligature circulaire, on ne devra pas négliger ce moyen, propre à suspendre la circulation locale, et à ralentir, si ce n'est même à empêcher l'absorption dans les tissus blessés. Cette ligature ne devra être levée qu'après l'application du feu ou des caustiques sur ces tissus, et il sera même toujours d'une bonne précaution de la maintenir jusqu'à ce que, par l'emploi des ventouses scarifiées multiples, on ait pu faire évacuer la plus grande quantité possible du sang dont elle avait suspendu le cours dans les parties soumises à son étreinte.

Tel est l'ensemble des mesures qu'il est nécessaire ou tout au moins très-utile d'employer, pour prévenir ou diminuer les dangers que font courir les morsures virulentes aux personnes qui les ont subies.

Quand tout ce qu'il était matériellement possible de faire a été fait, l'indication essentielle qui reste à remplir est de rassurer le moral des blessés, puisque tout tend à prouver qu'ils offrent d'autant moins de prise à la maladie que leur système nerveux est moins ébranlé par les terreurs de l'avenir. A ce dernier égard, M. Bouley fait observer que la statistique actuelle, concordante en cela avec toutes celles qui l'ont précédée, fournit des chiffres qui, au point de vue du traitement moral de la rage, peuvent avoir une influence salutaire, car ils témoignent qu'une blessure rabique n'est pas fatalement mortelle, comme beaucoup sont portés à le croire; qu'au contraire, dans plus de la moitié des cas, elle ne donne lieu à aucune conséquence funeste.

Rage mue. — On donne le nom de rage mue, ou muette, à une variété de la rage qui débute par la paralysie complète des muscles du larynx, ce qui empêche le rapprochement des mâchoires, et rend l'aboiement impossible. A cela près, les symptômes sont les mêmes. Toutefois un chien atteint de la rage mue est beaucoup moins dangereux qu'un chien enragé, non-seulement parce que l'inertie de ses mâchoires l'empêche de mordre, mais encore parce que les instincts féroces lui font défaut et qu'il n'y a pas chez lui de tendance à l'agression. En sorte que la rage mue resterait toujours inoffensive si l'on n'allait pas, pour ainsi dire, au-devant de ses inoculations en cherchant dans la gueule du chien l'obstacle imaginaire qui s'oppose au rapprochement de ses mâchoires. La mort dans la rage mue est prompte ; elle arrive ordinairement le troisième ou quatrième jour.

Renversement du rectum. — A la suite d'efforts, d'inflammation, etc., le rectum du chien peut sortir et former une tumeur externe plus ou moins grosse, douloureuse et injectée. Il faut essayer d'abord des lotions astringentes, avec le tannin, le perchlorure de fer étendu d'eau, le ratanhia. Si ces moyens ne suffisent pas, on opérera une saignée, puis la réduction en refoulant la partie herniée que l'on maintiendra au moyen de tampons de linge assujettis avec des bandes.

Renversement de l'Utérus. — Cette affection est souvent la suite d'une parturition laborieuse ; elle est occasionnée par les efforts que fait la chienne pour se délivrer. Il faut, comme pour le rectum, opérer la réduction des parties herniées après les avoir lotionnées avec de l'eau tiède et stimulante.

Squirre. — Le squirre est une tumeur indolente, d'abord peu considérable, mais qui grossit peu à peu et prend parfois un gros volume. Très-dure au début, cette tumeur arrive à se ramollir et forme alors des plaies qui ne se cicatrisent jamais et laissent écouler un pus sanieux. Lorsqu'on a trop attendu pour guérir ou enlever le squirre, les plaies deviennent cancéreuses, et le mal est dès lors incurable ; il se reproduit ailleurs quand on l'enlève de son point primitif.

Tænia. — Voyez Vers.

Toux. — La toux est ordinairement le symptôme d'une affection du poumon ; parfois elle a pour cause une irritation nerveuse. Dans le premier cas, c'est en traitant ces maladies (voyez *Pneumonie* et *Pleurésie*) que l'on obtient la suppression de la toux ; dans le second cas, il faut la combattre au moyen du laudanum et de ses composés.

Vaginite. — Inflammation de la membrane qui tapisse l'organe sexuel des femelles. Cette affection est rarement grave, mais elle paraît douloureuse. Les symptômes les plus ordinaires de la vaginite sont l'inflammation des parties affectées, la raideur des mouvements, la difficulté de la marche. Quelques saignées, lorsque le mal est intense, des cataplasmes sur la région lombaire, quelques injections émollientes et anodines, viennent promptement à bout de la vaginite.

Venin. — Les chiens sont souvent exposés à la piqûre d'insectes armés d'aiguillons, tels que l'abeille, la guêpe, le frelon, ou à la morsure bien plus dangereuse de la vipère.

Le premier cas ne présente aucune gravité, et il suffit de frotter la piqûre avec le suc d'un poireau ou une goutte d'ammoniaque. La morsure de la vipère est beaucoup plus grave, surtout dans la saison chaude. La partie malade enfle rapidement, et si l'on n'y porte promptement remède, le chien tombe dans une espèce de torpeur qui se termine par la mort. Le traitement consiste à bien presser la plaie, pour en faire sortir tout ce qu'elle contient, puis à y verser quelques gouttes d'ammoniaque. On administrera en même temps au chien, de quart d'heure en quart d'heure, une cuillerée à bouche d'eau ammoniacale, composée de 10 grammes d'ammoniaque pour 100 grammes d'eau. Il faut bien se garder de donner à l'intérieur l'ammoniaque pur, qui brûlerait l'estomac. Les lotions

d'ammoniaque pur sur la plaie doivent être renouvelées trois ou quatre fois, à courts intervalles; c'est
aussi une bonne précaution de cautériser la plaie avec
le nitrate d'argent.

Vers. — Les vers intestinaux ou entozoaires sont
pour les chiens une source fertile de maladies et font
périr chaque année un grand nombre de jeunes chiens.
L'infection vermineuse paraît être due à la domesticité, car les animaux sauvages de nos contrées en
ont rarement. En effet la nourriture, et surtout le lai-
tage que l'on donne habituellement aux jeunes chiens,
le peu d'exercice qu'on leur laisse prendre, leur habitation souvent mal aérée et humide, sont autant de
causes favorables au développement des entozoaires,
et lorsque ces animaux se multiplient outre mesure,
ils causent dans l'organisme les plus graves désordres.

Les symptômes les plus habituels des maladies vermineuses sont : d'abord une agitation générale, le
chien bâille, remue la lèvre supérieure et se frotte
fréquemment le nez; au bout d'un certain temps,
son poil devient rude et terne et son corps s'amaigrit,
malgré un appétit assez actif mais irrégulier. Les fèces
sont fréquentes et en petite quantité, accompagnées
de mucus; le nez est sec et chaud.

Les espèces de vers que nourrit habituellement le
chien sont : l'oxyure vermiculaire, l'ascaride lombricoïde, deux espèces de tænia, et parfois le strongle
géant.

L'*Oxyure vermiculaire* est un petit ver à corps piliforme blanc, cylindrique, de la longueur de 6 à 10 millimètres chez l'homme, mais qui, chez le chien, atteint le double de cette taille. Ce ver a l'extrémité caudale très-déliée comme une alène, et l'antérieure obtuse. (Fig. 88.) L'oxyure séjourne dans le gros intestin et surtout dans le rectum, où il cause par ses fourmillements des démangeaisons insupportables. On voit souvent les chiens qui en sont affectés se traîner sur le derrière. Cet entozoaire ne paraît

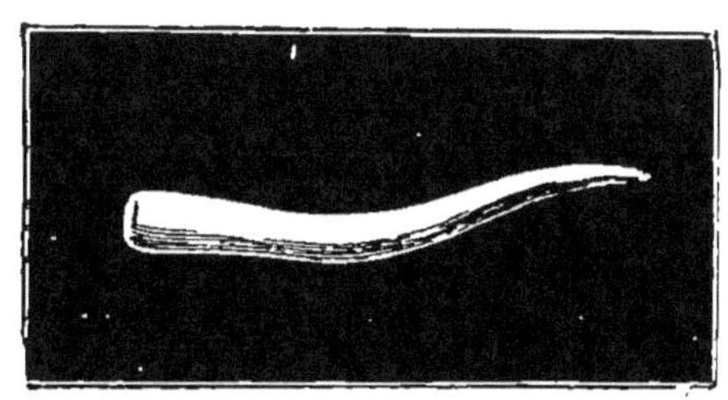

FIG. 88. — OXYURE VERMICULAIRE.

pas très-dangereux; il suffit souvent d'une infusion froide d'absinthe ou de tanaisie pour débarrasser le patient.

L'*Ascaride lombricoïde* (fig. 89) doit son nom à sa ressemblance avec le lombric ou ver de terre. Cet entozoaire, dont la longueur varie de 10 à 20 centimètres, a le corps cylindrique, filiforme, atténué à ses deux extrémités; sa couleur est rosée. *a* montre le ver étendu, *b* (90) la manière dont ils s'enlacent dans l'intestin. C'est à ce ver qu'il faut attribuer la plupart des accidents vermineux, lorsqu'il se trouve réuni en grand nombre. Les puissants vermifuges les font souvent sortir enchevêtrés les uns dans les autres par paquets de 6 à 12, et formant parfois une masse solide de la grosseur d'un œuf. Lorsqu'il pullule dans l'intestin, l'ascaride peut produire des accidents graves, tels que des convulsions, des paralysies, etc.

Les *Tænia* ou vers rubanés sont fort extraordinaires et pour leur forme et pour leur organisation ; ce sont des vers dont le corps démesurément long, et plat comme un ruban, est composé d'un nombre plus ou moins considérable d'articles carrés, qui deviennent plus étroits aux deux extrémités (fig. 91), surtout vers la tête, qui paraît portée sur un long cou. La tête, presque carrée, présente au milieu un tubercule ou trompe, armée d'un cercle de crochets à l'aide desquels l'animal s'accroche aux parois de l'intestin. Les articles qui forment le corps sont en général plus longs que larges, et l'orifice des organes sexuels est placé sur le côté (fig. 92, c. d.). Malgré son nom de *ver solitaire*, le Tænia solium se trouve parfois au nombre de deux ou trois sur le même individu.

Une autre espèce de Tænia, le *Bothriocéphale large*, se trouve également chez l'homme et le chien ; il se distingue du précédent par sa tête ovoïde, portant de chaque côté une fossette en forme de fente (fig. 93) ; par ses articles carrés, pas plus longs que larges ; les ouvertures

FIG. 89. — ASCARIDE LOMBRICOÏDE.

des organes sexuels sont à la face inférieure et sur la ligne médiane de chaque article. En outre, le Bothriocéphale est grisâtre, tandis que le Tænia est d'un blanc de lait. Ces vers rubanés atteignent parfois des dimensions considérables; on en a vu de

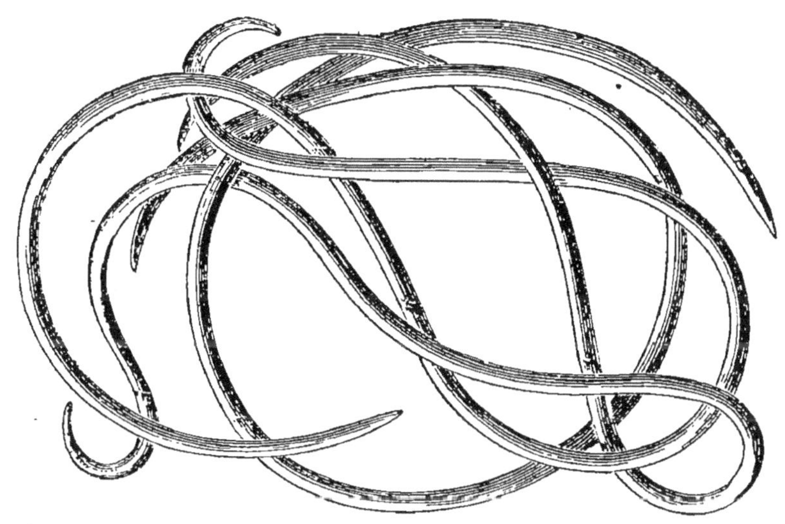

FIG. 90. — ASCARIDE LOMBRICOÏDE.

40 et 50 mètres de longueur, mais généralement ils se désarticulent très-facilement et le chien ne les rend que par fragments; quelquefois ils se ramassent en boule et forment ainsi une obstruction impénétrable dans les intestins et amènent la mort.

A l'époque de la reproduction, chacun des anneaux du Tænia se gonfle d'œufs, se détache et est rejeté par le chien avec les excréments, et comme le nombre de ces œufs est considérable, il n'est pas surprenant que ces vers se propagent d'un chien à l'autre; aussi voit-on souvent que tous les chiens d'un chenil en sont infectés.

Le *Strongle géant* (fig. 94 à 97) habite spécialement les reins de l'homme et du chien; il est allongé, cylindrique à tête obtuse; celle-ci est entourée de six tubercules A. La queue est terminée, dans le mâle, par une vésicule renflée d'où sort un pénis court et pointu B. Dans la femelle, l'extrémité caudale manque de ce renflement C. Le Strongle est d'un rouge foncé, il atteint jusqu'à 60 et même 80 centimètres de longueur. Le Strongle du rein n'a pas d'action sur les sécrétions intestinales, mais il produit des urines sanguinolentes plus ou moins mêlées de pus et sa présence peut causer l'inflammation du rein ou *Néphrite* (voyez ce mot).

Il est souvent très-difficile de savoir à quelle espèce de ver on a affaire; dans ce cas, on donnera une dose de calomel ou de jalap, l'on examinera les fèces qui pourront contenir quelques spécimens des vers, et l'on appliquera le traitement en conséquence. Dans tous les cas, l'expulsion des vers est le but que l'on doit se proposer, en ayant soin ensuite d'empêcher leur régénération au moyen d'un régime fortifiant, et en administrant de temps en temps au chien de petites doses de la médecine employée contre le ver.

Les anthelmintiques les plus employés sont, contre les ascarides : la noix d'arec, l'hellébore, le calomel, l'absinthe.

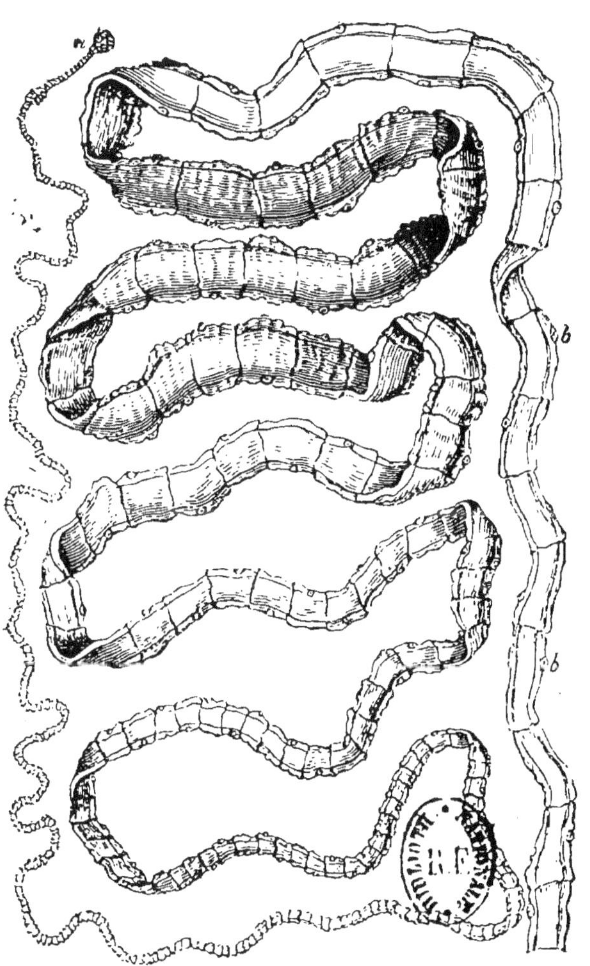

FIG. 91. — TÆNIA.

Contre les Tænias : l'essence de térébenthine, le kousso, l'écorce de grenadier.

La *noix d'arec* est un excellent vermifuge ; on la donne en poudre, à la dose de 2 grammes, une fois par semaine pour un chien de taille moyenne. Il faut la mêler à la pâtée juste au moment où l'on donnera celle-ci au chien pour qu'elle n'ait pas le temps d'en contracter l'amertume.

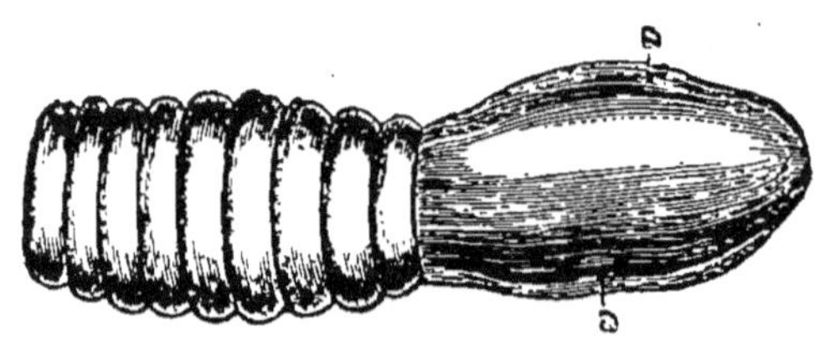

FIG. 93. — TÊTE DE BOTHRIOCÉPHALE.

L'*hellébore* se donne à la dose de 4 décigrammes, mêlée au double de son poids de jalap et renouvelée tous les cinq ou six jours.

Le *calomel* est un excellent remède expulsif, mais qui demande à être administré avec précaution. Sa dose pour un chien de moyenne taille est de 20 à 30 centigrammes mêlée avec trois fois son poids de jalap.

L'*essence de térébenthine* est le plus efficace de tous les vermifuges, mais son emploi est dangereux. On la donnera à la dose de 4 à 10 gouttes, suivant la taille du chien, dans une cuillerée à café d'huile.

Le *kousso* s'emploie en infusion dans l'eau bouillante, à la dose de 3 à 6 grammes dans un quart de litre d'eau. On répétera la dose deux ou trois fois à une semaine d'intervalle.

L'*écorce de grenadier* est un excellent remède contre

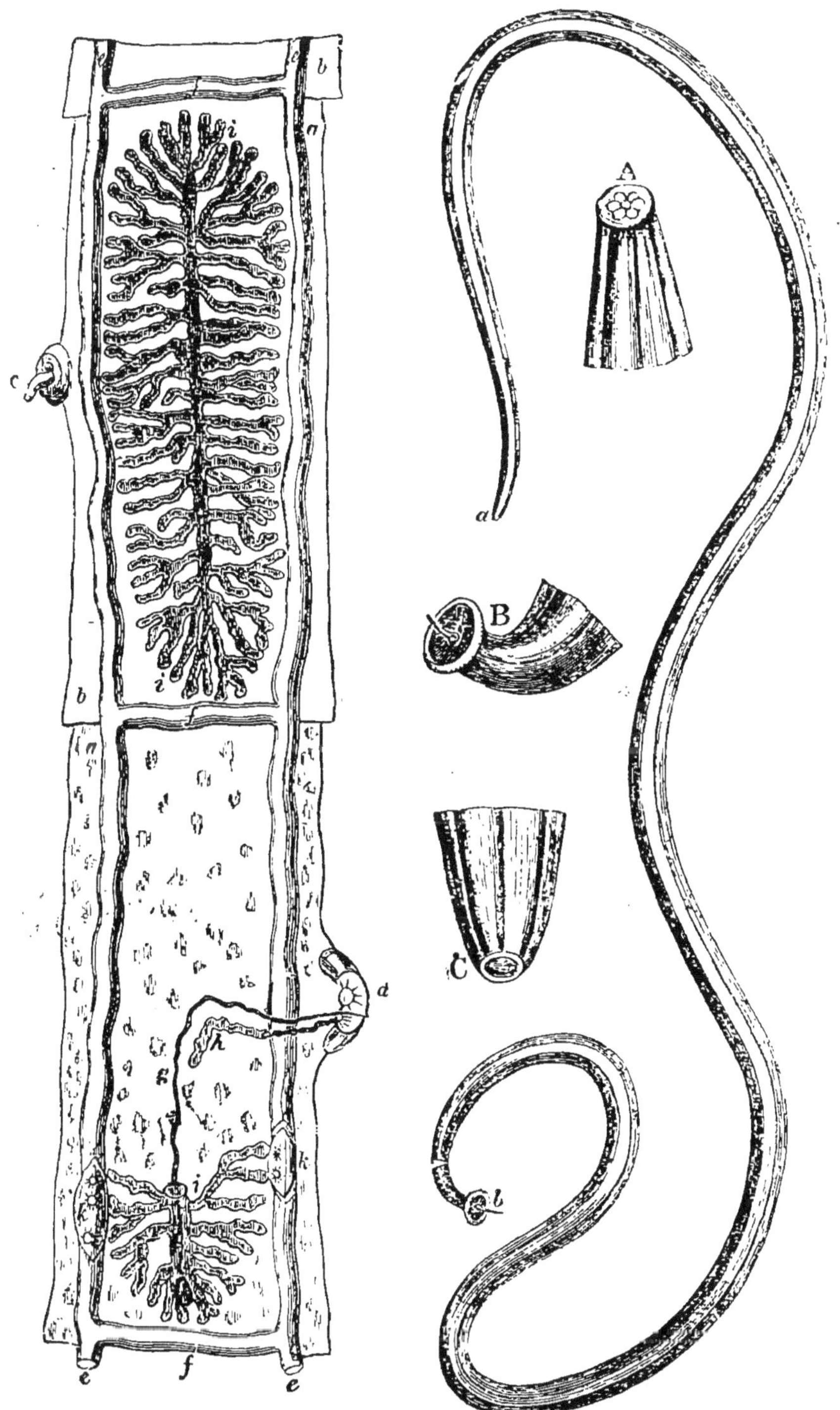

FIG. 92. — ANNEAUX DE TÆNIA.　　　FIG. 94 à 97. — STRONGLE GÉANT.

le Tænia ; on l'emploie à la dose de 40 à 50 grammes
qu'on laisse tremper pendant 24 heures dans
750 grammes d'eau, et que l'on fait ensuite bouillir
à réduction de moitié. On filtre et l'on administre en
trois fois.

TABLE DES MATIÈRES.

CHAPITRE II.

Élevage.

CHAPITRE III.

Chenils. — Entretien du Chenil.

CHAPITRE IV.

Dressage.

LIVRE III.

MALADIES DU CHIEN ET LEUR TRAITEMENT.

CHAPITRE PREMIER.

Anatomie et physiologie du Chien.

CHAPITRE II.

CHAPITRE III.

TABLE ALPHABÉTIQUE

DES MATIÈRES ET DES FIGURES.

FIN

ORNITHOLOGIE
DU CHASSEUR

HISTOIRE NATURELLE — MŒURS — HABITUDES
CHASSE DES OISEAUX DE PLAINE, DE BOIS ET DE MARAIS

PAR

Le Docteur J.-C. CHENU
Médecin principal d'Armée en retraite.

Splendide Publication grand in-8° jésus
ORNÉE DE 50 CHROMOTYPOGRAPHIES.

Prix : **20 fr.** Demi-reliure chagrin, plats toile et tranches dorées,
25 fr. — Édition de luxe, imprimée sur papier de Hollande;
Prix, **40 fr.**

L'auteur, si connu par ses nombreuses publications sur
l'histoire naturelle, a réuni dans ce bel ouvrage tout ce
qui peut intéresser sur les Oiseaux de chasse qu'on rencontre dans les plaines, les bois et les marais.

Cette publication de luxe s'adresse non-seulement aux
Chasseurs et aux personnes qui étudient l'Histoire naturelle, mais encore aux Amateurs de belles publications.
Les Oiseaux dont l'auteur donne une description très-
détaillée et une image exacte en couleurs, sont :

Faisan commun. — Perdrix, 4 espèces. — Ganga cata.
— Caille. — Tétras, 2 espèces. — Gélinotte. — Lagopède.
— Outardes, 2 espèces. — Pluvier doré. — Vanneau, 2
espèces. — Courlis cendré. — Barge, 2 espèces. — Che-
valier, 4 espèces. — Bécasses et Bécassines, 5 espèces. —
Râles d'eau, 2 espèces. — Poule d'eau. — Foulque. —
Oies, 2 espèces. — Canards, 10 espèces. — Sarcelles,
2 espèces. — Macreuses, 2 espèces. — Harles, 2 espèces,
— en tout 50 Chromotypographies. —

J. ROTHSCHILD, Éditeur, 13, Rue des Saints-Pères, Paris.

LE GUIDE

DU

CHASSEUR

DEVANT LA LOI

Recueil des lois, ordonnances et circulaires ministérielles avec les dispositifs, par ordre alphabétique, de toutes les décisions rendues en matière de chasse depuis le 3 mai 1844 jusqu'à ce jour

Par F. TÉCHENEY

Rédacteur au journal *la Gironde*

1 vol. in-18, relié. Prix, 2 fr. 50 c.

La loi du 3 mai 1844 sur la police de la chasse est sans contredit une des lois usuelles les plus importantes, parce qu'elle renferme le plus de controverses soit en doctrine, soit en jurisprudence; et bien que les commentaires et traités sur cette matière soient nombreux, les derniers venus, profitant des travaux et de l'expérience de leurs prédécesseurs, ont par la date seule de leur apparition une présomption de supériorité. C'est par là que le guide du chasseur devant la loi, de M. F. Técheney, volume très-complet et très-portatif, se recommande d'une manière toute particulière non-seulement aux jurisconsultes, mais encore aux amateurs de la chasse, aux fonctionnaires de tous ordres : préfets, maires, adjoints, gardes-champêtres, gardes-forestiers, gardes particuliers, etc., etc., qui tous peuvent y puiser d'utiles enseignements.

HISTOIRE NATURELLE — CHASSSE A COURRE
CHASSE A TIR — ENTRETIEN — CONSERVATION — REPRODUCTION

LES ANIMAUX
DES FORÊTS
— MAMMIFÈRES — OISEAUX —

ZOOLOGIE PRATIQUE AU POINT DE VUE

DE LA CHASSE ET DE LA SYLVICULTURE

A L'USAGE DES CHASSEURS

AGENTS FORESTIERS, PROPRIÉTAIRES, GARDES FORESTIERS, GARDES-CHASSE, ETC.

PAR R. CABARRUS

Sous-Inspecteur des Forêts de la Couronne

Attaché à la Vénerie de l'Empereur, ancien élève de l'École impériale forestière

1 vol. in-18, illustré de 84 vignettes sur bois, impression
en caractères élzevirs à la maison Claye.

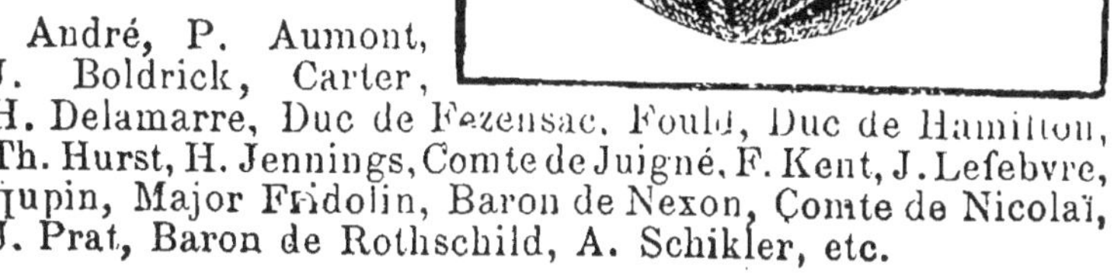

J. ROTHSCHILD, Éditeur, 13, Rue des Saints-Pères, Paris.

LES PROMENADES DE PARIS (Suite).

Conditions de la Vente et de la Reliure :

L'ouvrage est complet en deux volumes in-folio : l'un contenant le texte d'environ 500 Pages avec 460 Gravures sur bois ; l'autre, 23 Chromolithographies, 27 Gravures imprimées sur papier de Chine et montées sur beau papier vélin, et 80 Gravures sur acier.

Le prix de l'ouvrage complet est de 500 Francs ; — dans deux élégants cartonnages, dos en peau de crocodile, plats ornés des Armes de la Ville de Paris, il est de 530 Francs.

Des exemplaires de luxe tirés sur papier de Hollande, avec 80 Gravures sur acier, imprimées sur papier de Chine, se vendent au prix de 1,000 Francs.

La reliure des deux volumes, le dos en maroquin du Levant, les plats en toile, avec les Armes de la Ville de Paris et une riche dorure, coûte 100 Francs ; une reliure de grand luxe, entièrement exécutée en maroquin du Levant avec biseaux, vaut 250 Francs les deux volumes.

Il est impossible, vu son extrême épaisseur, de relier l'ouvrage en un seul volume ; tous les volumes ont tête dorée, tranches ébarbées, et sont en couleur verte, pour bien faire ressortir les couleurs des Armes de la Ville de Paris.

Prospectus de l'Ouvrage. — Cette publication n'est pas

seulement une *Description illustrée* des Promenades de la Ville de Paris et des ouvrages d'architecture qui les décorent, c'est aussi un *Souvenir splendide* pour les nombreux visiteurs de la capitale, et un monument artistique digne de notre temps.

L'exécution de l'ouvrage a exigé une dépense de plus de 700,000 Francs pour frais de Gravure, Papier et Impression, et plus de six années de travail.

L'auteur, en décrivant la partie la plus attrayante de Paris, n'avait pas seulement pour but de faire une œuvre historique, mais il désirait aussi initier les *Propriétaires* et les *Architectes* de parcs et jardins, les *Ingénieurs*, les *Architectes*, les *Horticulteurs* et surtout les *Administrations publiques* des Villes, à tous les procédés, à tous les détails d'exécution avec l'indication des prix, de la transformation mémorable de la Ville de Paris.

L'éditeur n'a reculé devant aucun sacrifice pour en faire à la fois un utile répertoire à l'usage des hommes spéciaux, des Bibliothèques publiques, des Sociétés savantes, des Écoles industrielles, des Musées des arts et métiers, et un ouvrage d'un luxe exceptionnel pour les amateurs de beaux livres.

☞ *Un Prospectus détaillé et illustré est envoyé gratuitement.*

Sans nous préoccuper de classifications ni de distinctions hors nature, nous avons groupé nos *Ravageurs des Vergers et des Vignes* de la manière la plus élémentaire, en partant *du lieu de leurs dégâts*.

Ainsi donc nous établissons d'abord deux grandes divisions, nécessitées par la différence des accidents et la différence des traitements : *Vergers et Vignes*. Puis, dans chacune de ces divisions, les chapitres sont dans l'ordre suivant : Ravageurs des racines, — des tiges, — des branches, — des bourgeons, — des feuilles, — des fleurs, — des fruits.

En somme, que veut le lecteur ?... Reconnaître le mal, *d'abord*; apprendre la cause, *ensuite*; trouver l'indication du remède, lorsqu'on en connaît. Passé cela, tout ce que vous lui direz est inutile, nuisible même, et, — soyons franc — ennuyeux pour lui!

En se promenant dans son Verger, il aperçoit des brindilles qui pendent, sèches et coupées à l'extrémité des branches de ses meilleurs pommiers... — Qu'est-ce cela?

Il s'approche de l'arbre, atteint une des brindilles.

— Tiens!... C'est un bourgeon coupé et flétri!...

Il revient à notre petit livre:

— Ah!... Ah!... c'est l'ouvrage d'enfance de ce beau petit insecte bleu foncé... ah! on le trouve ici!.. Bien; on détruit la larve de telle manière...

Voilà ce que veut le lecteur des *Ravageurs.*

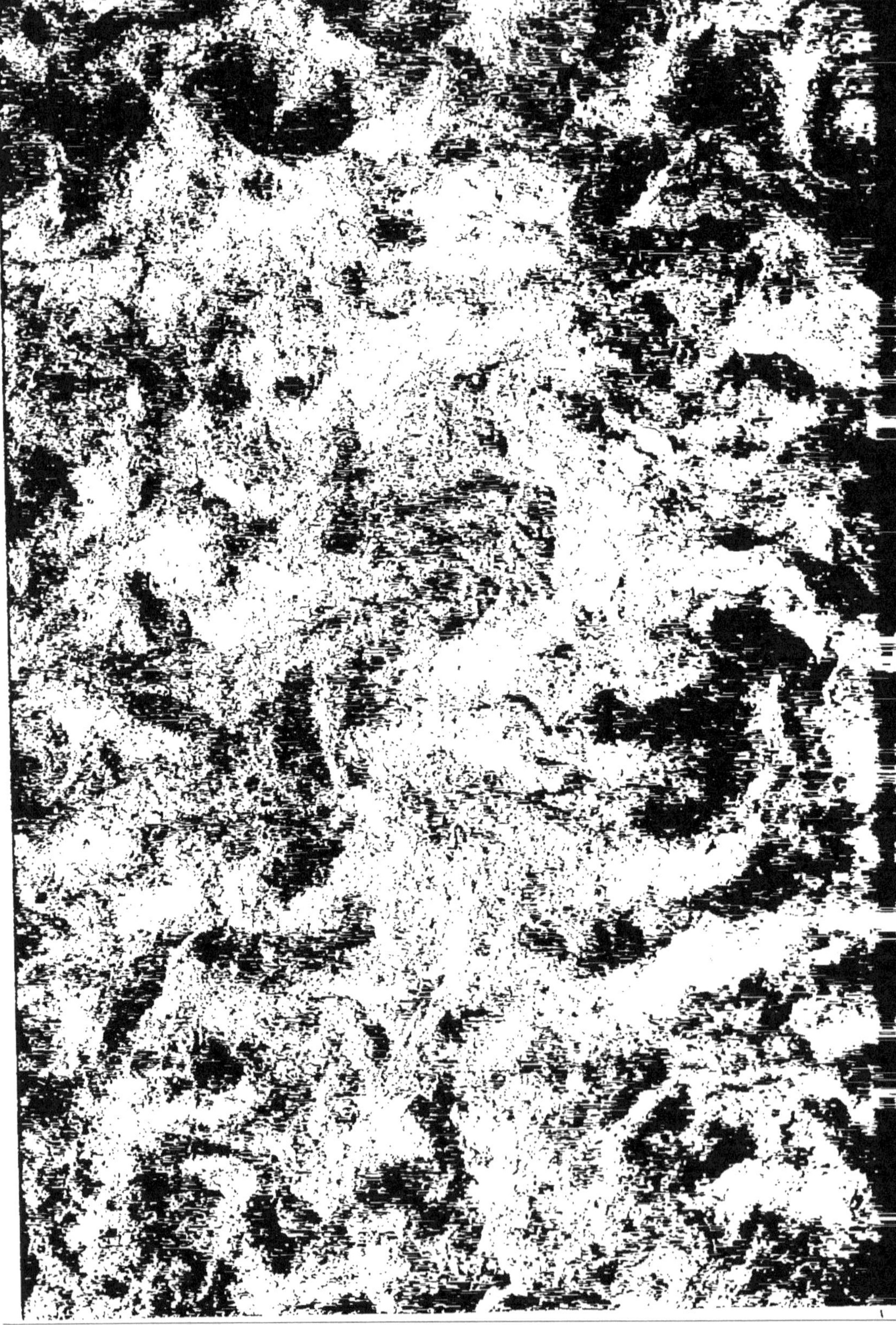